"十三五"国家重点出版物出版规划项目
名校名家基础学科系列

大学数学教程（中少学时）
四分册 概率与统计

杨艳秋 郑 晨 程晓亮 王晓红 李纯净 华志强 编

机械工业出版社

本书的概率论部分是根据近年来工科数学教学改革情况以及考研变化趋势编写而成的. 同时考虑到工科数学广泛的应用需求，本书增加了数理统计部分内容. 本书着眼于介绍概率论和数理统计中的基本概念、基本原理和基本方法，强调直观性，注重可读性，突出基本思想. 本书主要内容包括：随机事件与概率、条件概率与事件的独立性、随机变量及其概率分布、随机变量的数字特征、统计量及其分布、参数估计、假设检验. 本书广泛吸收了国内外优秀教材的优点，对习题的类型和数量也做出了适当的安排.

本书针对学时少或分层次教学的概率论与数理统计课程的教学需要编写，可供高等院校工科、经管和其他非数学类专业的学生使用，可作为研究生入学考试的参考用书，也可作为工程技术人员的参考资料.

图书在版编目（CIP）数据

大学数学教程：中少学时. 四分册，概率与统计/杨艳秋等编. —北京：机械工业出版社，2021.8

（名校名家基础学科系列）

"十三五"国家重点出版物出版规划项目

ISBN 978-7-111-68490-9

Ⅰ.①大…　Ⅱ.①杨…　Ⅲ.①高等数学-高等学校-教材 ②概率论-高等学校-教材 ③数理统计-高等学校-教材　Ⅳ.①O13

中国版本图书馆 CIP 数据核字（2021）第 113366 号

机械工业出版社（北京市百万庄大街22号　邮政编码100037）
策划编辑：韩效杰　责任编辑：韩效杰
责任校对：张　征　封面设计：鞠　杨
责任印制：常天培
北京机工印刷厂印刷
2021 年 9 月第 1 版第 1 次印刷
184mm×260mm · 10.25 印张 · 243 千字
标准书号：ISBN 978-7-111-68490-9
定价：33.00 元

电话服务　　　　　　　　　网络服务
客服电话：010-88361066　　机 工 官 网：www.cmpbook.com
　　　　　010-88379833　　机 工 官 博：weibo.com/cmp1952
　　　　　010-68326294　　金 书 网：www.golden-book.com
封底无防伪标均为盗版　　　机工教育服务网：www.cmpedu.com

前　言

在我国高校的绝大部分工科、理科及经济管理类专业培养方案中，概率论与数理统计都是一门重要的基础课程. 这不仅是因为它在各个领域中的应用广泛性，而且从人才素质的全面培养来说，这门课程也是不可或缺的. 例如，进入 21 世纪之后，人们可以通过各种媒体获得越来越多的统计信息，没有良好的数理统计知识就不可能很好地把握这些统计信息的特性，并善加运用.

本书着眼于介绍概率论和数理统计中的基本概念、基本原理和基本方法，它们都是初步的，但又是基本的. 强调直观性和应用背景，注重可读性，突出基本思想是本书的特点. 期望本书能对学生后续课程的学习以及进一步深造有所裨益，能对学生随机思维能力的增强和统计素质的培养有所裨益.

本书包括了随机事件与概率、条件概率与事件的独立性、多维随机变量及其概率分布、随机变量的数字特征及数理统计等内容. 第 1 章介绍随机事件与概率. 第 2 章给出条件概率与事件的独立性. 第 3 章详细地介绍随机变量及其概率分布. 第 4 章介绍随机变量的数字特征. 第 5 章介绍统计量及其分布. 第 6 章介绍参数的点估计及区间估计. 第 7 章介绍参数的假设检验理论.

作为一本教材，本书在选材及编排上，充分考虑到适应不同层次的需要，有较大的灵活性. 我们建议：若只选概率论部分，大约需 36 学时，而欲使用全部内容，需 54 学时；打 * 号的内容供学有余力的读者阅读，也可供工科研究生和攻读 MBA 的读者参考.

由于编者水平所限，书中不当和疏漏之处在所难免，敬请读者不吝赐教.

编者

目　　录

    概率论是研究随机现象统计规律性的数学学科，它的理论与方法在自然科学、社会科学、工程技术、经济管理等诸多领域有着广泛的应用. 从 17 世纪人们利用古典概型来研究人口统计、产品检查等问题到 20 世纪 30 年代概率论公理化体系的建立，概率论形成了自己严格的概念体系和严密的逻辑结构. 应用概率论去解决不确定的和变化的问题可以追溯到几百年以前，而且我们会发现概率论可以应用于各种不同的领域，例如医学、游戏、天气预测、法律等. 偶然性和不确定性的思想在很久之前就出现了. 当人们总是不得不去处理一些像天气、食物供应以及生活环境中的各个方面的不确定问题时，人们就会试图去减少这些不确定性以及由这些不确定性产生的影响.

    概率论与数理统计是一门处理随机现象的学科. 概率论是从数量方面研究随机现象及其统计规律性的数学学科，它的理论严谨，应用广泛，并且有独特的概念和方法，同时与其他数学分支有着密切的联系，它是近代数学的重要组成部分. 数理统计是对随机现象统计规律归纳的研究，就是利用概率论的结果，深入研究统计资料，观察这些随机现象并发现其内在的规律性，进而做出一定精确程度的判断，将这些研究结果加以归纳整理，形成一定的数学模型. 虽然概率论与数理统计在方法上如此不同，但作为一门学科，它们却相互渗透，互相联系.

    本章重点介绍概率论的两个最基本的概念：随机事件与概率. 主要内容包括：随机事件的定义、事件之间的关系和运算、概率的概念、常见的概率模型和条件概率等.

1.1　随机事件

1.1.1　随机现象

    在自然界和人类社会生活中普遍存在着两类现象：必然现象

和随机现象. 在一定条件下必然出现的现象称为必然现象. 例如，没有受到外力作用的物体永远保持原来的运动状态，同性电荷相互排斥等，都是必然现象.

在相同的条件下可能出现也可能不出现的现象称为随机现象. 例如，抛掷一枚硬币出现正面还是出现反面，检查产品质量时任意抽取的产品是合格品还是次品等，都是随机现象.

在对随机现象进行大量重复观测时我们发现，一方面，在每次观测之前不能预知哪个结果出现，这是随机现象的随机性；另一方面，在进行了大量重复观测之后，其结果往往会表现出某种规律性. 例如，抛掷一枚硬币，可能出现正面也可能出现反面，抛掷之前无法预知哪个结果出现，但在反复多次抛掷之后，正面出现的频率（即正面出现的次数与抛掷总次数的比值）在 0.5 附近摆动，这表明随机现象存在其固有的量的规律性. 我们把随机现象在大量重复观测时所表现出来的量的规律性称为随机现象的统计规律性. 表 1.1.1 记录了历史上研究随机现象统计规律性的最著名的试验——抛掷硬币的试验结果.

表 1.1.1   抛掷硬币的试验结果

试　验　者	抛掷次数 n	正面朝上的次数 n_A	正面朝上的频率 $\frac{n_A}{n}$
德摩根（De Morgan）	2048	1061	0.5181
蒲　丰（Buffon）	4040	2048	0.5069
费希尔（Fisher）	10000	4979	0.4979
皮尔逊（Pearson）	12000	6019	0.5016
皮尔逊（Pearson）	24000	12012	0.5005

1.1.2　随机事件

为了研究和揭示随机现象的统计规律性，我们需要对随机现象进行大量重复的观察、测量或者试验. 为了方便，将它们统称为试验. 如果试验具有以下特点，则称之为**随机试验**，简称为试验：

（1）可重复性　试验可以在相同的条件下重复进行；

（2）可观测性　每次试验的所有可能结果都是明确的、可观测的，并且试验的可能结果有两个或更多个；

（3）随机性　每次试验将要出现的结果是不确定的，试验之前无法预知哪一个结果出现.

定义 1.1　我们用字母 E 表示一个随机试验，用 ω 表示随机试验 E 的可能结果，称为样本点，用 Ω 表示随机试验 E 的所有可能结果组成的集合，称为样本空间.

例 1.1.1　抛掷一枚硬币，观察正面 H 和反面 T 出现的情况（将这两个结果依次记作 ω_1 和 ω_2），则试验的样本空间为
$$\Omega_1 = \{出现\ H, 出现\ T\} = \{\omega_1, \omega_2\}.$$

例 1.1.2　将一枚硬币抛掷三次，观察正面 H 和反面 T 出现的情况，则试验的样本空间为
$$\Omega_2 = \{HHH, HHT, HTH, THH, HTT, THT, TTH, TTT\}.$$

例 1.1.3　将一枚硬币抛掷三次，观察正面出现的次数，则试验的样本空间为
$$\Omega_3 = \{0, 1, 2, 3\}.$$

例 1.1.4　抛掷一枚骰子，观察出现的点数，则试验的样本空间为
$$\Omega_4 = \{1, 2, 3, 4, 5, 6\}.$$

例 1.1.5　记录某机场问询处一天内收到的电话次数，则试验的样本空间为
$$\Omega_5 = \{0, 1, 2, \cdots\}.$$

例 1.1.6　从一批电子元件中任意抽取一个，测试它的寿命（单位：h），则试验的样本空间为
$$\Omega_6 = \{t \mid 0 \leqslant t < +\infty\} = [0, +\infty).$$

在随机试验中，我们常常关心试验的结果是否满足某种指定的条件. 例如，在例 1.1.6 中，若规定电子元件的寿命小于 5000h 为次品，那么我们关心试验结果为是否满足 $t \geqslant 5000$. 满足这一条件的样本点组成 Ω_6 的子集 $A = \{t \mid t \geqslant 5000\}$，我们称 A 为该试验的一个随机事件. 显然，当且仅当子集 A 中的一个样本点出现时，有 $t \geqslant 5000$.

定义 1.2　一般地，我们称随机试验 E 的样本空间 Ω 的子集为 E 的**随机事件**，简称为**事件**，用大写字母 A，B，C 等表示. 在每次试验中，当且仅当子集中的一个样本点发生时，称**这一事件发生**.

特别地，由一个样本点组成的单点子集，称为**基本事件**. 样

本空间 Ω 作为它自身的子集，包含了所有的样本点，每次试验总是发生，称为**必然事件**. 空集 $\varnothing$ 作为样本空间的子集，不包含任何样本点，每次试验都不发生，称为**不可能事件**.

例 1.1.7   在例 1.1.3 中，子集 $A=\{0\}$ 表示事件"三次均不出现正面"，子集 $B=\{3\}$ 表示事件"三次均出现正面"，A 与 B 都是基本事件. 子集 $C=\{0,1\}$ 表示事件"正面出现的次数小于 2"，子集 $D=\{1,2,3\}$ 表示事件"正面至少出现一次". 而事件"正面出现的次数不大于 3"为必然事件，事件"正面出现的次数大于 3"为不可能事件.

习题 1.1

1. 随机试验的特点有哪些?

2. 什么是随机现象? 请举例说明.

1.2 随机事件的关系及运算

在一个随机试验中，往往存在很多随机事件，每一事件具有各自的特征，彼此之间可能存在某种联系. 为了通过对简单事件的研究来掌握复杂事件，我们需要研究事件间的关系及运算. 由于事件是一个集合，因此事件的关系及运算与集合的关系及运算是相互对应的.

在以下的讨论中，试验 E 的样本空间为 Ω，而 A，B，$A_k(k=1,2,\cdots)$ 是试验 E 的事件，也是 Ω 的子集.

如果事件 A 发生必然导致事件 B 发生，即属于 A 的每一个样本点一定也属于 B，则称事件 **B 包含**事件 A，记作 $A \subset B$.

显然，事件 $A \subset B$ 的含义与集合论中的含义是一致的，并且对任意事件 A，有 $\varnothing \subset A \subset \Omega$.

在例 1.1.7 中，有 $A \subset C$.

如果事件 A 包含事件 B，事件 B 也包含事件 A，即 $B \subset A$ 且 $A \subset B$，则称事件 A 与事件 **B 相等**(或等价)，记作 $A=B$.

显然，事件 A 与事件 B 相等是指 A 和 B 所含的样本点完全相同，这等同于集合论中的相等，实际上事件 A 和事件 B 是同一事件.

"事件 A 和事件 B 至少有一个发生"这一事件称为事件 A 和事件 B 的和(或**并**)，记作 $A \cup B$，即

$$A \cup B = \{\text{事件 } A \text{ 发生或事件 } B \text{ 发生}\} = \{\omega \mid \omega \in A \text{ 或 } \omega \in B\}.$$

在例 1.1.7 中，$B \cup C = \{0,1,3\}$.

注：对任一事件 A，B，有

（ⅰ）$A \cup \varnothing = A$，$A \cup \Omega = \Omega$，$A \cup A = A$；

（ⅱ）$A \subset A \cup B$，$B \subset A \cup B$；

（ⅲ）若 $A \subset B$，则 $A \cup B = B$.

事件的和可以推广到多个事件的情形：

$$\bigcup_{i=1}^{n} A_i = \{事件 A_1, A_2, \cdots, A_n \ 中至少有一个发生\},$$

$$\bigcup_{i=1}^{\infty} A_i = \{事件 A_1, A_2, \cdots, A_n, \cdots 中至少有一个发生\}.$$

"事件 A 和事件 B 同时发生"这一事件称为事件 A 与事件 B 的**积**（或**交**），记作 $A \cap B$（或 AB），即

$$A \cap B = \{事件 A 发生且事件 B 发生\} = \{\omega \mid \omega \in A \ 且 \ \omega \in B\},$$

这与集合论中的交集的含义一致.

在例 1.1.7 中，$BD = \{3\}$.

注：（ⅰ）$A \cap \varnothing = \varnothing$，$A \cap \Omega = A$，$A \cap A = A$，$A \cap B \subset A$，$A \cap B \subset B$；

（ⅱ）若 $A \subset B$，则 $A \cap B = A$.

事件的积可以推广到多个事件的情形：

$$\bigcap_{i=1}^{n} A_i = \{事件 A_1, A_2, \cdots, A_n \ 同时发生\},$$

$$\bigcap_{i=1}^{\infty} A_i = \{事件 A_1, A_2, \cdots, A_n \cdots 同时发生\}.$$

"事件 A 发生而事件 B 不发生"这一事件称为事件 A 与事件 B 的**差**，记作 $A - B$，即

$$A - B = \{事件 A 发生且事件 B 不发生\} = \{\omega \mid \omega \in A \ 但 \ \omega \notin B\}.$$

在例 1.1.7 中，$D - C = \{2,3\}$.

如果事件 A 与事件 B 不能同时发生，也就是说，AB 是不可能事件，即 $AB = \varnothing$，则称事件 A 与事件 B 是**互不相容的**（或**互斥的**）.

在例 1.1.7 中，事件 B 与事件 C 是互不相容的.

如果在每一次试验中事件 A 与事件 B 都有一个且仅有一个发生，则称事件 A 与事件 B 是**互逆的**（或**对立的**），并称其中的一个事件为另一个事件的**逆事件**（或对立事件），记作 $A = \overline{B}$ 或 $B = \overline{A}$.

显然互逆的两个事件 A，B 满足 $A \cup B = \Omega$，$AB = \varnothing$.

在例 1.1.7 中，事件 A 与事件 D 是互逆的.

图 1.2.1（文氏图）直观地表示了上述关于事件的各种关系及运算.

与集合的运算类似，事件的运算有如下的运算规律：

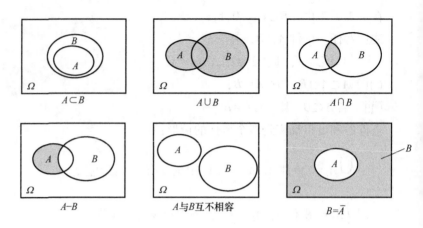

图 1.2.1 事件的各种关系及运算

(1) 交换律 $A \cup B = B \cup A$，$AB = BA$；

(2) 结合律 $(A \cup B) \cup C = A \cup (B \cup C)$，$(AB)C = A(BC)$；

(3) 分配律 $(A \cup B) \cap C = (A \cap C) \cup (B \cap C)$，

$(A \cap B) \cup C = (A \cup C) \cap (B \cup C)$，

$$A \cap \left(\bigcup_{i=1}^{n} A_i \right) = \bigcup_{i=1}^{n} (A \cap A_i), \quad A \cup \left(\bigcap_{i=1}^{n} A_i \right) = \bigcap_{i=1}^{n} (A \cup A_i);$$

$$A \cap \left(\bigcup_{i=1}^{\infty} A_i \right) = \bigcup_{i=1}^{\infty} (A \cap A_i), \quad A \cup \left(\bigcap_{i=1}^{\infty} A_i \right) = \bigcap_{i=1}^{\infty} (A \cup A_i);$$

(4) 对偶律 $\overline{A \cup B} = \overline{A}\,\overline{B}$，$\overline{AB} = \overline{A} \cup \overline{B}$；

(5) $A - B = A\overline{B} = A - AB$.

上述各种事件运算的规律可以推广到多个事件的情形.

例 1.2.1   甲，乙，丙三人射击同一目标，令 A_1 表示事件"甲击中目标"，A_2 表示事件"乙击中目标"，A_3 表示事件"丙击中目标". 用 A_1，A_2，A_3 的运算表示下列事件.

(1) 三人都击中目标；

(2) 只有甲击中目标；

(3) 只有一人击中目标；

(4) 至少有一人击中目标；

(5) 最多有一人击中目标.

解 用 A，B，C，D，E 分别表示上述(1)~(5)中的事件.

(1) 三人都击中目标，即事件 A_1，A_2，A_3 同时发生，所以 $A = A_1 A_2 A_3$；

(2) 只有甲击中目标，即事件 A_1 发生，而事件 A_2 和 A_3 都不发生，所以 $B = A_1 \overline{A_2} \, \overline{A_3}$；

（3）只有一人击中目标，即事件 A_1，A_2，A_3 中有一个发生，而另外两个不发生，所以 $C=A_1\overline{A_2}\,\overline{A_3}\cup\overline{A_1}A_2\overline{A_3}\cup\overline{A_1}\,\overline{A_2}A_3$；

（4）至少有一人击中目标，即事件 A_1，A_2，A_3 中至少有一个发生，所以 $D=A_1\cup A_2\cup A_3$；

"至少有一人击中目标"也就是恰有一人击中目标，或者恰有两人击中目标，或者三人都击中目标，所以事件 D 也可以表示成

$$D=(A_1\overline{A_2}\,\overline{A_3}\cup\overline{A_1}A_2\overline{A_3}\cup\overline{A_1}\,\overline{A_2}A_3)$$
$$\cup(A_1A_2\overline{A_3}\cup A_1\overline{A_2}A_3\cup\overline{A_1}A_2A_3)\cup(A_1A_2A_3);$$

（5）最多有一人击中目标，即事件 A_1，A_2，A_3 或者都不发生，或者只有一个发生，所以

$$E=(\overline{A_1}\,\overline{A_2}\,\overline{A_3})\cup(A_1\overline{A_2}\,\overline{A_3}\cup\overline{A_1}A_2\overline{A_3}\cup\overline{A_1}\,\overline{A_2}A_3);$$

"最多有一人击中目标"也可以理解成"至少有两人没击中目标"，即事件 $\overline{A_1}$，$\overline{A_2}$，$\overline{A_3}$ 中至少有两个发生，所以 $E=\overline{A_1}\,\overline{A_2}\cup\overline{A_2}\,\overline{A_3}\cup\overline{A_1}\,\overline{A_3}$.

习题 1.2

1. 在掷一颗骰子试验中，由偶数构成的事件 A 可以表示为＿＿＿＿，由大于 2 的数构成的事件 B 表示为＿＿＿＿.

2. 在掷一颗骰子试验中，由偶数构成的事件 A 可以表示为 $A=\{2,4,6\}$，事件 C 为骰子出现比 1 大的点数的结果，即 $C=$＿＿＿＿，则 A＿＿＿C.

3. 设 A，B，C 为 3 个事件，试用 A，B，C 表示下列事件.

（1）A 发生，B 与 C 不发生

（2）A 与 B 都发生，而 C 不发生

（3）A，B，C 中至少有一个要发生

（4）A，B，C 都发生

（5）A，B，C 都不发生

（6）A，B，C 中不多于一个发生

（7）A，B，C 中不多于两个发生

（8）A，B，C 中至少有两个发生

4. 在数学系的学生中任选一名学生. 若事件 A 表示被选学生是男生，事件 B 表示该生是三年级学生，事件 C 表示该生是运动员.

（1）叙述 ABC 的意义.

（2）在什么条件下 $ABC=C$ 成立？

（3）在什么条件下 $\overline{A}\subset B$ 成立？

5. 设事件 A 表示"甲种产品畅销，乙种产品滞销"，求其对立事件 $\overline{A}$.

1.3　概率的概念

对于随机事件而言，在一次试验中可能发生也可能不发生，那么我们希望知道一个随机事件 A 在一次试验中发生的可能性有多大，也就是事件 A 在一次试验中出现的机会有多大. 我们把用

来表示事件 A 在一次试验中发生的可能性大小的数值 p 称为事件 A 的概率.

1.3.1 频率

> **定义 1.3** 将随机试验在相同的条件下重复进行 n 次, 在这 n 次试验中, 事件 A 发生的次数 n_A 称为事件 A 发生的**频数**, 而比值 $\dfrac{n_A}{n}$ 称为事件 A 发生的**频率**, 记作 $f_n(A)$, 即
>
> $$f_n(A) = \frac{n_A}{n}.$$

容易证明, 频率 $f_n(A)$ 满足下列性质:

(1) 对于任一事件 A, $f_n(A) \geqslant 0$;

(2) 对于必然事件 Ω, $f_n(\Omega) = 1$;

(3) 对于两两互不相容的事件 A_1, A_2, $\cdots$, $A_n \cdots$(即当 $i \neq j$ 时, 有 $A_i A_j = \varnothing$, i, $j = 1$, 2, $\cdots$), 有

$$f_n \left(\bigcup_{i=1}^{\infty} A_i \right) = \sum_{i=1}^{\infty} f_n(A_i).$$

事件 A 的频率反映了在 n 次试验中事件 A 发生的频繁程度. 频率越大, 表明事件 A 的发生越频繁, 这意味着事件 A 在一次试验中发生的可能性越大; 频率越小, 意味着事件 A 在一次试验中发生的可能性越小.

然而频率 $f_n(A)$ 依赖于试验次数以及每次试验的结果, 而试验结果具有随机性, 所以频率也具有随机性. 大量试验表明, 当 n 较小时, 频率的波动性较大, 当 n 增大时, 频率的波动幅度随之减小, 即频率 $f_n(A)$ 呈现出稳定性, 稳定地在某一常数 p 附近摆动, 而且摆动幅度越来越小. 我们用 p 这一数值表征事件 A 在一次试验中发生的可能性的大小, 称为事件 A 的概率, 记作 $P(A)$, 即 $P(A) = p$.

表 1.1.1 是历史上几位著名的科学家重复抛掷硬币的试验结果. 不难看出, 随着 n 的增大, "正面朝上"这一事件的频率 $f_n(A)$ 呈现出稳定性, 在数值 0.5 附近摆动, 所以事件"正面朝上"的概率为 0.5.

这种用频率的稳定值定义事件的概率的方法称之为概率的统计定义. 随着对概率研究的深入, 经过近三个世纪的漫长探索, 1933 年苏联数学家柯尔莫哥洛夫(Kolmogorov)提出了概率的公理化定义, 明确定义了概率概念, 使得概率论成为严谨的数学分支, 推动了概率论研究的发展.

1.3.2　概率

定义 1.4　设试验 E 的样本空间为 Ω，如果对 E 的每一个事件 A，都有唯一的实数 $P(A)$ 与之对应，并且 $P(A)$ 满足下列条件：

（1）非负性　对于任一事件 A，有 $P(A) \geqslant 0$；

（2）规范性　对于必然事件 Ω，$P(\Omega) = 1$；

（3）可列可加性　对于两两互不相容的事件 A_1，A_2，$\cdots$，$A_n \cdots$（即当 $i \neq j$ 时，有 $A_i A_j = \varnothing (i,j = 1,2,\cdots)$，有

$$P\left(\bigcup_{i=1}^{\infty} A_i \right) = \sum_{i=1}^{\infty} P(A_i),$$

则称 $P(A)$ 为事件 A 的**概率**.

概率的这一定义称为公理化定义，它高度抽象因而具有广泛的适应性. 在第五章我们将证明，当 $n \to \infty$ 时，频率 $f_n(A)$ 在一定意义下收敛于概率 $P(A)$，即概率的公理化定义涵盖了概率的统计定义.

根据定义 1.4，我们可以推出概率的重要性质，这些性质有助于进一步理解概率的概念，同时它们也是概率计算的重要依据.

性质 1　对于不可能事件 $\varnothing$，有 $P(\varnothing) = 0$.

证明　令 $A_i = \varnothing (i = 1,2,\cdots)$，则 A_1，A_2，$\cdots$，A_n，$\cdots$ 是两两互不相容的事件，且 $\bigcup\limits_{i=1}^{\infty} A_i = \varnothing$，根据概率的可列可加性有

$$P(\varnothing) = P\left(\bigcup_{i=1}^{\infty} A_i \right) = \sum_{i=1}^{\infty} P(A_i) = \sum_{i=1}^{\infty} P(\varnothing).$$

由于实数 $P(\varnothing) \geqslant 0$，因此 $P(\varnothing) = 0$.

性质 2　对于两两互不相容的事件 A_1，A_2，$\cdots$，A_n（即当 $i \neq j$ 时，有 $A_i A_j = \varnothing$，$i,j = 1,2,\cdots,n$），有

$$P\left(\bigcup_{i=1}^{n} A_i \right) = \sum_{i=1}^{n} P(A_i).$$

证明　令 $A_i = \varnothing (i = n+1, n+2, \cdots)$，根据概率的可列可加性有

$$P\left(\bigcup_{i=1}^{n} A_i \right) = P\left(\bigcup_{i=1}^{\infty} A_i \right) = \sum_{i=1}^{\infty} P(A_i) = \sum_{i=1}^{n} P(A_i).$$

性质 3　对于任一事件 A，有

$$P(\overline{A}) = 1 - P(A).$$

证明　因为 $A\cup\bar{A}=\Omega$, $A\bar{A}=\varnothing$, 由概率的规范性和性质 2, 有

$$P(A)+P(\bar{A})=1,$$

于是

$$P(\bar{A})=1-P(A).$$

性质 4　如果事件 $A\subset B$, 则有 $P(A)\leqslant P(B)$, 且
$$P(B-A)=P(B)-P(A).$$

证明　因为 $A\subset B$, 所以 $B=A\cup(B-A)$, 且 $A(B-A)=\varnothing$, 由性质 2, 有

$$P(B)=P(A)+P(B-A).$$

又 $P(B-A)\geqslant 0$, 所以 $P(A)\leqslant P(B)$, 并且

$$P(B-A)=P(B)-P(A).$$

对于任意两个事件 A 与 B, 由于 $B-A=B-AB$, 且 $AB\subset B$, 根据性质 4, 可得

$$P(B-A)=P(B-AB)=P(B)-P(AB).$$

上式称为概率的**减法公式**.

性质 5　对任一事件 A, 有 $P(A)\leqslant 1$.

证明　因为 $A\subset\Omega$, 由性质 4 和概率的规范性, 可得

$$P(A)\leqslant 1.$$

性质 6　对于任意两个事件 A 与 B, 有
$$P(A\cup B)=P(A)+P(B)-P(AB).$$

证明　因为 $A\cup B=A\cup(B-AB)$, 且 $A(B-AB)=\varnothing$, $AB\subset B$, 由性质 2 和性质 4, 可得

$$P(A\cup B)=P(A)+P(B-AB)=P(A)+P(B)-P(AB).$$

上式称为概率的**加法公式**. 加法公式可以推广到有限个事件的情形.

推论 1　$P(AB)=P(A\cup B)-P(A)-P(B).$

推论 2　设 A_1, A_2, $\cdots$, A_n 为 n 个随机事件, 则有

$$P\left(\bigcup_{i=1}^{n}A_i\right)=\sum_{i=1}^{n}P(A_i)-\sum_{1\leqslant i<j\leqslant n}P(A_iA_j)+\sum_{1\leqslant i<j<k\leqslant n}P(A_iA_jA_k)+\cdots+(-1)^{n-1}P(A_1A_2\cdots A_n).$$

此公式称为概率的一般加法公式. 特别地,

$$P(A_1 \cup A_2 \cup A_3) = P(A_1) + P(A_2) + P(A_3) - P(A_1A_2) - P(A_1A_3) -$$
$$P(A_2A_3) + P(A_1A_2A_3).$$

例 1.3.1 设 A，B，C 是同一试验 E 的三个事件，

$$P(A) = P(B) = P(C) = \frac{1}{3}, \quad P(AB) = P(AC) = \frac{1}{8}, \quad P(BC) = 0.$$

求：

（1）$P(B-A)$；

（2）$P(B \cup C)$；

（3）$P(A \cup B \cup C)$.

解 由概率的性质，可得

（1）$P(B-A) = P(B) - P(AB) = \frac{1}{3} - \frac{1}{8} = \frac{5}{24}$；

（2）$P(B \cup C) = P(B) + P(C) - P(BC) = \frac{1}{3} + \frac{1}{3} - 0 = \frac{2}{3}$；

（3）由于 $ABC \subset BC$，所以 $P(ABC) \leqslant P(BC)$，亦即 $P(ABC) = 0$.
于是

$$P(A \cup B \cup C) = P(A) + P(B) + P(C) - P(AB) - P(BC) - P(AC) + P(ABC)$$

$$= \frac{1}{3} + \frac{1}{3} + \frac{1}{3} - \frac{1}{8} - 0 - \frac{1}{8} + 0$$

$$= \frac{3}{4}.$$

例 1.3.2 已知 $P(\bar{A}) = 0.5$，$P(\bar{A}B) = 0.2$，$P(B) = 0.4$，求：

（1）$P(AB)$；

（2）$P(\bar{A}\,\bar{B})$.

解 （1）由题意，$P(\bar{A}B) = P(B-A) = P(B) - P(AB) = 0.2$，
$P(B) = 0.4$，所以

$$P(AB) = 0.4 - 0.2 = 0.2;$$

（2）由于 $P(A) = 1 - 0.5 = 0.5$，$P(AB) = 0.2$，所以

$$P(A \cup B) = P(A) + P(B) - P(AB) = 0.5 + 0.4 - 0.2 = 0.7,$$

再由对偶律，有

$$P(\bar{A}\,\bar{B}) = P(\overline{A \cup B}) = 1 - P(A \cup B) = 1 - 0.7 = 0.3.$$

习题 1.3

1. 设 A，B 为两事件，$P(A) = 0.5$，$P(B) = 0.3$，$P(AB) = 0.1$，求：

（1）A 发生但 B 不发生的概率；

（2）A 不发生但 B 发生的概率；

(3) 至少有一个事件发生的概率;

(4) A, B 都不发生的概率;

(5) 至少有一个事件不发生的概率.

1.4 概率模型

1.4.1 古典概型

概率的公理化定义只规定了概率必须满足的条件, 并没有给出计算概率的方法和公式. 在一般情形之下给出概率的计算方法和公式是困难的. 下面我们讨论一类最简单也是最常见的随机试验, 它曾经是概率论发展初期的主要研究对象.

如果随机试验 E 满足下列两个条件:

(1) 有限性. 试验 E 的基本事件总数是有限个;

(2) 等可能性. 每一个基本事件发生的可能性相同, 则称试验 E 为**古典概型**(或**等可能概型**).

下面我们讨论古典概型中事件概率的计算公式.

设试验 E 的样本空间为 $\Omega = \{\omega_1, \omega_2, \cdots, \omega_n\}$. 显然基本事件 $\{\omega_1\}$, $\{\omega_2\}$, $\cdots$, $\{\omega_n\}$ 是两两互不相容的, 且 $\Omega = \{\omega_1\} \cup \{\omega_2\} \cup \cdots \cup \{\omega_n\}$.

由于 $P(\Omega) = 1$ 及 $P(\omega_1) = P(\omega_2) = \cdots = P(\omega_n)$, 根据概率的性质, 有

$$1 = P(\omega_1) + P(\omega_2) + \cdots + P(\omega_n) = nP(\omega_i) \ (i = 1, 2, \cdots, n),$$

即

$$P(\omega_1) = P(\omega_2) = \cdots = P(\omega_n) = \frac{1}{n}.$$

如果事件 A 包含 k 个基本事件, 即 $A = \{\omega_{i_1}\} \cup \{\omega_{i_2}\} \cup \cdots \cup \{\omega_{i_k}\}$, 其中 i_1, i_2, $\cdots i_{i_k}$ 是 1, 2, $\cdots$, n 中的某 k 个数, 则有

$$P(A) = P(\omega_{i_1}) + P(\omega_{i_2}) + \cdots + P(\omega_{i_k}) = \frac{k}{n},$$

即

$$P(A) = \frac{A \text{ 包含的基本事件个数}}{\Omega \text{ 包含的基本事件总数}}. \tag{1.4.1}$$

按公式(1.4.1), 要计算古典概型中事件 A 的概率, 只需计算样本空间 Ω 所包含的基本事件总数 n 以及事件 A 所包含的基本事件个数 k. 这时常常要用到加法原理、乘法原理和排列组合公式.

例 1.4.1   将一枚硬币抛掷三次, 求"恰有一次出现正面"的概率.

解　设 A 表示事件"恰有一次出现正面". 由于试验的样本空间为

$$\Omega = \{HHH,HHT,HTH,THH,HTT,THT,TTH,TTT\},$$

所以，基本事件总数 $n=8$. 又 $A=\{HTT,THT,TTH\}$，即 A 所包含的基本事件个数 $k=3$. 因此

$$P(A)=\frac{3}{8}.$$

在例 1.4.1 中，我们写出了试验的样本空间以及事件 A 的集合表示，从而得到基本事件总数 n 和事件 A 所包含的基本事件个数 k，最后算出事件 A 的概率. 其实很多时候我们并不需要写出样本空间来，只要算出基本事件总数 n 和 A 所包含的基本事件数 k，就可以利用式(1.4.1)计算事件 A 的概率.

例 1.4.2　一只箱子中装有 10 个同型号的电子元件，其中 3 个次品，7 个合格品.

（1）从箱子中任取 1 个元件，求取到次品的概率；

（2）从箱子中任取 2 个元件，求取到 1 个次品 1 个合格品的概率.

解　（1）从 10 个元件中任取 1 个，共有 $n=C_{10}^1$ 种不同的取法，每一种取法所得到的结果是一个基本事件，所以 $n=C_{10}^1$. 又因为 10 个元件中有 3 个次品，所以取到次品有 C_3^1 种不同的取法，即 $k=C_3^1$. 于是取到次品的概率为

$$p_1=\frac{C_3^1}{C_{10}^1}=\frac{3}{10};$$

（2）从 10 个元件中任取 2 个，共有 C_{10}^2 种不同的取法，所以 $n=C_{10}^2$. 而恰好取到 1 个次品 1 个合格品的取法有 $C_3^1C_7^1$ 种，即 $k=C_3^1C_7^1$，于是取到 1 个次品 1 个合格品的概率为

$$p_2=\frac{C_3^1C_7^1}{C_{10}^2}=\frac{21}{45}=\frac{7}{15}.$$

一般地，在 N 件产品中有 M 件次品，从中任取 $n(n\leqslant N)$ 件，则其中恰有 $k(k\leqslant\min\{n,M\})$ 件次品的概率为

$$p=\frac{C_M^kC_{N-M}^{n-k}}{C_N^n}.$$

例 1.4.3　某城市电话号码从七位数升至八位数，方法是在原先号码前加 6 或 8，求：

（1）随机取出的一个电话号码是没有重复数字的八位数的概率 p_1；

（2）随机取出的一个电话号码末位数是 8 的概率 p_2.

解　电话号码的第一位数字只能是 6 或 8，第一位有 2 种可能结果，而其余各位数字都可以是 0 到 9 这十个数中的任何一个，因此，每一位数字均有 10 种可能结果，于是基本事件总数 $n = 2 \times 10^7$.

（1）取到没有重复数字的八位数号码有 $2 \times 9 \times 8 \times 7 \times 6 \times 5 \times 4 \times 3$ 种不同的结果，所以

$$p_1 = \frac{2 \times 9 \times 8 \times 7 \times 6 \times 5 \times 4 \times 3}{2 \times 10^7} \approx 0.0181;$$

（2）取到末位数是 8 的号码有 $2 \times 10^6 \times 1$ 种不同的结果，所以

$$p_2 = \frac{2 \times 10^6}{2 \times 10^7} = 0.1.$$

例 1.4.4　从 0，1，2，3，4，5，6，7，8，9 中任取三个数字，求下列概率：

（1）取到的三个数字不含 0 和 5；

（2）取到的三个数字不含 0 或 5.

解　设 A 表示事件"取到的三个数字不含 0 和 5"，B 表示事件"取到的三个数字不含 0 或 5"，基本事件总数为 C_{10}^3.

（1）事件 A 包含了 C_8^3 个基本事件，所以

$$P(A) = \frac{C_8^3}{C_{10}^3} = \frac{7}{15};$$

（2）设 C 表示事件"取到的三个数字不含 0"，D 表示事件"取到的三个数字不含 5"，则

$$B = C \cup D,$$

所以，事件 B 发生的概率为

$$\begin{aligned}
P(B) &= P(C \cup D) = P(C) + P(D) - P(CD) \\
&= P(C) + P(D) - P(A) \\
&= \frac{C_9^3}{C_{10}^3} + \frac{C_9^3}{C_{10}^3} - \frac{C_8^3}{C_{10}^3} \\
&= \frac{14}{15}.
\end{aligned}$$

在例 1.4.4 中我们看到，计算古典概型中事件的概率，有时需要和概率的性质结合在一起. 事实上，题中事件 B 的概率还有更简单的计算方法：$\overline{B}$ 表示事件"取到的三个数字既含 0 也含 5"，从而 $P(B) = 1 - P(\overline{B}) = 1 - \dfrac{C_8^1}{C_{10}^3} = \dfrac{14}{15}.$

例 1.4.5　将 n 个球随机地放入 $N(N \geqslant n)$ 个箱子中，其中每个球都等可能地放入任意一个箱子，求下列事件的概率：

（1）每个箱子最多放入 1 个球；

（2）某指定的箱子不空.

解　将 n 个球随机地放入 N 个箱子中，共有 N^n 种不同的放法，记（1）和（2）中的事件分别为 A 和 B.

（1）事件 A 相当于在 N 个箱子中任意取出 n 个，然后再将 n 个球放入其中，每箱 1 球，所以共有 $C_N^n \cdot n!$ 种不同的放法，于是

$$P(A) = \frac{C_N^n \cdot n!}{N^n};$$

（2）事件 B 的逆事件 $\bar{B}$ 表示"某指定的箱子是空的"，它相当于将 n 个球全部放入其余的 $N-1$ 个箱子中，所以 $P(\bar{B}) = \frac{(N-1)^n}{N^n}$，进而

$$P(B) = 1 - P(\bar{B}) = 1 - \frac{(N-1)^n}{N^n} = \frac{N^n - (N-1)^n}{N^n}.$$

例 1.4.5 的问题可以应用到其他不同的情形. 例如，某班级有 50 名学生，一年按 365 天计算，则这 50 名学生生日各不相同的概率为 $P(\text{生日各不相同}) = \dfrac{C_{365}^{50} \cdot (50)!}{365^{50}} = 0.03.$

这里，50 名学生的生日相当于"50 个球"，一年 365 天相当于"365 个箱子"，那么"50 名学生生日各不相同"相当于"每个箱子中最多放入 1 个球".

需要指出的是，人们在长期的实践活动中总结出这样的事实：**小概率事件在一次试验中几乎不可能发生**. 这一事实通常被称作**实际推断原理**. 由于上述 50 名学生生日各不相同的概率仅为 0.03，所以我们可以预测这 50 名学生中至少有 2 人生日相同.

例 1.4.6　某商场为促销举办抽奖活动，投放的 n 张奖券中有 $k(k<n)$ 张是有奖的，每位光临的顾客均可抽取一张奖券，求第 $i(i \leqslant n)$ 位顾客中奖的概率.

解　设 A 表示事件"第 i 位顾客中奖". 到第 i 位顾客为止，试验的基本事件总数为 $n \cdot (n-1) \cdot (n-2) \cdots (n-i+1)$，而第 i 个顾客中奖可以抽到 k 张有奖券中的任意一张，其他顾客在剩余的 $n-1$ 张奖券中任意抽取，所以事件 A 包含的基本事件数为 $(n-1) \cdot (n-2) \cdots (n-i+1) \times k$，于是

$$P(A) = \frac{(n-1)(n-2)\cdots(n-i+1)k}{n(n-1)(n-2)\cdots(n-i+1)} = \frac{k}{n}.$$

在上述解题过程中,我们只考虑了前 i 个顾客的情形.如果把所有顾客的情形都考虑进去,那么试验的基本事件总数为 $n!$.第 i 个顾客中奖有 k 种取法,其余 $n-1$ 位顾客将余下来的 $n-1$ 张奖券抽完,所以事件 A 所包含的基本事件个数为 $k(n-1)!$,进而事件 A 的概率为

$$P(A)=\frac{k(n-1)!}{n!}=\frac{k}{n}.$$

例 1.4.6 的结果表明,顾客中奖与否同顾客出现的次序 i 无关,也就是说抽奖活动对每位参与者来说都是公平的,进而说明在现实生活中普遍存在的抽签活动是公平的:一组签中有若干好签和若干坏签,不论是先抽还是后抽,抽到好签的概率总是相同的.

1.4.2　几何概型

以有限性和等可能性为前提我们讨论了古典概型中事件概率的计算公式,下面我们将其推广到无限多个基本事件的情形,而这些基本事件也具有某种等可能性.

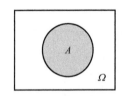

图 1.4.1　几何概型示意

如果试验相当于向面积为 $S(\Omega)$ 的平面区域 Ω 内任意投掷一点(如图 1.4.1),而这个点(称为随机点)落在 Ω 内任意一点的可能性相等,进而随机点落在 Ω 内任意子区域 A 的可能性大小与 A 的面积成正比,而与 A 的位置和形状无关,我们称这样的试验为平面上的**几何概型**.

设 A 表示事件"随机点落在区域 A 内", $S(A)$ 为区域 A 的面积,并且事件 A 的概率为 $P(A)=kS(A)$,其中 k 为比例系数.由于 $P(\Omega)=1$,所以 $P(\Omega)=kS(\Omega)=1$,于是 $k=\dfrac{1}{S(\Omega)}$,进而有

$P(A)=\dfrac{S(A)}{S(\Omega)}$ 即

$$P(A)=\frac{A\,\text{的面积}}{\Omega\,\text{的面积}}. \tag{1.4.2}$$

需要指出的是,如果试验相当于向直线上的区间内投掷随机点,则只需将式(1.4.2)中的面积改为长度,上述讨论依然成立;如果试验相当于向空间区域内投掷随机点,则只需将面积改成体积.

例 1.4.7　某人午觉醒来发现自己的表停了,便打开收音机收听电台报时.已知电台每个整点报时一次,求他(她)能在 10min 之内听到电台报时的概率.

解　由于上一次报时和下一次报时的时间间隔为 60min，而这个人可能在 $(0,60)$ 内的任一时刻打开收音机，所以这是一个直线上的几何概型问题. 用 x 表示他（她）打开收音机的时刻，A 表示事件"他（她）能在 10min 之内听到电台报时"，则

$$\Omega=\{x\mid 0<x<60\}, \quad A=\{x\mid 50<x<60\}\subset\Omega.$$

于是

$$P(A)=\frac{60-50}{60-0}=\frac{1}{6}.$$

例 1.4.8　甲、乙两船在某码头的同一泊位停靠卸货，每只船都可能在早晨七点至八点间的任一时刻到达，并且卸货时间都是 20min，求两只船使用泊位时发生冲突的概率.

解　因为甲、乙两船都在七点至八点间的 60min 内任一时刻到达，所以甲到达的时刻 x 和乙到达的时刻 y 满足 $0<x<60$，$0<y<60$，

即 (x,y) 为平面区域 $\Omega=\{(x,y)\mid 0<x<60,0<y<60\}$ 内的任意一点，这是一个平面上的几何概型问题. 设 A 表示事件"两只船使用泊位时发生冲突"，则 $A=\{(x,y)\mid (x,y)\in\Omega,\ |x-y|<20\}$（如图 1.4.2），所以

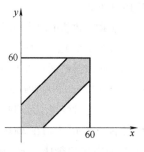

图 1.4.2　例 1.4.8 示意图

$$P(A)=\frac{60^2-\frac{1}{2}\times 40\times 40\times 2}{60^2}=\frac{5}{9}.$$

习题 1.4

1. 将一枚硬币抛掷 3 次，求：

（1）恰有一次出现正面的概率；

（2）至少有一次出现正面的概率.

2. 一口袋装有 6 个球，其中 4 个白球，2 个红球. 从袋中取球两次，每次随机地取一个. 考虑两种取球方式：

（a）第一次取一个球，观察其颜色后放回袋中，搅匀后再任取一球. 这种取球方式叫有放回抽取.

（b）第一次取球后不放回袋中，第二次从剩余的球中再取一球. 这种取球方式叫不放回抽取.

试分别就上面两种情形求：

（1）取到的两个球都是白球的概率；

（2）取到的两个球颜色相同的概率；

（3）取到的两个球至少有一个是白球的概率.

3. 袋中有 A 只白球，B 只红球，k 个人依次在袋中取一只球，（1）有放回抽样；（2）不放回抽样，求第 $i(i=1,2,\cdots,k)$ 人取到白球（记为事件 B）的概率是多少 $(k\le a+b)$？

4. 在 1～2000 的整数中随机地取一个数，问取到的整数既不能被 6 整除，又不能被 8 整除的概率是多少？

5. 某接待站在某一周曾接待过 12 次来访，已知所有这 12 次接待都是在周二和周四进行的，问是否可以推断接待时间是有规定的？

6. 假设要从 20 人中选出 8 人组成的一个委员会，请问有多少种不同的选择方案？

7. 箱中装有 A 个白球，B 个黑球，现做不放回抽取，每次一个. 求：

（1）任取 $m+n$ 个，恰有 m 个白球，n 个黑球概率 $(m\le A,\ n\le B)$；

（2）第 k 次才取到白球的概率$(k \leqslant B+1)$；

（3）第 k 次恰取到白球的概率.

8. 将 n 只球随机地放入 $N(n \leqslant N)$ 个盒子中，试求每个盒子至多有一只球的概率（设盒子的容量不限）.

9. 将 15 名新生随机地平均分配到 3 个班中去，这 15 名新生中有 3 名是优秀生. 问:

（1）每班各分配到一名优秀生的概率；

（2）3 名优秀生分配到同一个班的概率.

10. 现有 200 个学生，137 个学生报名数学课，50 个学生报名历史课，124 个学生报名音乐课. 而且同时报名数学课和历史课的人数为 33 个，同时报名历史课和音乐课的人数为 29 个，同时报名数学课和音乐课的人数为 92 个. 最后，同时报名三个班的人数为 18 个. 我们将考虑在 200 个学生中随机选择一个学生，这个学生至少选择一门课程的概率.

总习题 1

1. 用集合的形式写出下列随机试验的样本空间与随机事件 A:

（1）抛一枚硬币两次，观察硬币向上的面；事件 A 表示"两次向上的面相同"；

（2）记录某电话总机 1min 内接到的呼叫次数；事件 A 表示"1min 内呼叫次数不超过 3 次"；

（3）从一批灯泡中随机抽取一只，测试它的寿命；事件 A 表示"寿命在 2000 到 2500 小时之间".

2. 袋中有 10 个球，分别编有号码 1 至 10，从中任取 1 球，设 $A=\{$取得球的号码是偶数$\}$，$B=\{$取得球的号码是奇数$\}$，$C=\{$取得球的号码小于 5$\}$，问下列运算表示什么事件:

（1）$A \cup B$；（2）AB；（3）AC；（4）$\overline{AC}$；（5）AC；（6）$\overline{B \cup C}$；（7）$A-C$.

3. 10 片药片中有 5 片安慰剂.

（1）从中任意抽取 5 片，求其中至少有两片是安慰剂的概率；

（2）从中每次取一片，作不放回抽样，求前 3 次都取到安慰剂的概率.

4. 在房间里有 10 个人，分别佩戴从 1 号到 10 号的纪念章. 任选 3 人记录其纪念章的号码.

（1）求最小号码为 5 的概率；

（2）求最大号码为 5 的概率.

5. 某油漆公司发出 17 桶油漆，其中白漆 10 桶、黑漆 4 桶、红漆 3 桶，在搬运中所有标签脱落，交货人随意将这些油漆发给顾客. 问一个订货为 4 桶白漆，3 桶黑漆和 2 桶红漆的顾客，能按所订颜色如数得到订货的概率是多少?

6. 在 1500 件产品中有 400 件次品、1100 件正品. 任取 200 件，

（1）求恰有 90 件次品的概率；

（2）求至少有 2 件次品的概率.

7. 从 5 双不同的鞋子中任取 4 只，问这 4 只鞋子中至少有两只配成一双的概率是多少?

8. 在 11 张卡片上分别写上 probability 这 11 个字母，从中任意连抽 7 张，求其排列结果为 ability 的概率.

9. 将 3 只球随机地放入 4 个杯子中去，求杯子中球的最大个数分别为 1，2，3 的概率.

10. 50 只铆钉随机地取来用在 10 个部件上，其中有 3 只铆钉强度太弱，每个部件用 3 只铆钉. 若将 3 只强度太弱的铆钉都用在一个部件上，则这个部件强度就太弱. 问发生一个部件强度太弱的概率是多少?

11. 一俱乐部有五名一年级学生，2 名二年级学生，3 名三年级学生，2 名四年级学生.

（1）在其中任选 4 名学生，求一、二、三、四年级的学生各一名的概率；

（2）在其中任选 5 名学生，求一、二、三、四年级的学生均包含在内的概率.

12. （1）已知 $P(\overline{A})=0.3$，$P(B)=0.4$，$P(A\overline{B})=0.5$，求条件概率 $P(B|A \cup \overline{B})$.

（2）已知 $P(A)=1/4$，$P(B|A)=1/3$，$P(A|B)=1/2$，求 $P(A \cup B)$.

13. 掷两颗骰子，已知两颗骰子的点数之和为 7，求其中有一颗为 1 点的概率.

14. 以往资料表明，某一 3 口之家，患某种传染病的概率有以下规律:

$P\{孩子得病\}=0.6$，$P\{母亲得病 \mid 孩子得病\}=0.5$，

$P\{父亲得病 \mid 母亲及孩子得病\}=0.4$.

求母亲及孩子得病但父亲未得病的概率.

15. 已知在 10 件产品中有 2 件次品，在其中取两次，每次任取一件，作不放回抽样，求下列事件的概率：

（1）两次都是正品；

（2）两次都是次品；

（3）一件是正品一件是次品；

（4）第二次取出的是次品.

16. 某人忘记了电话号码的最后一位数字，因而他随意地拨号，求他拨号不超过 3 次而接通所需电话的概率. 若已知最后一个数字是奇数，那么此概率是多少？

17. （1）设甲袋中装有 n 只白球，m 只红球；乙袋中装有 N 只白球、M 只红球. 今从甲袋中任意取一只放入乙袋中，再从乙袋中任意取一只球. 问取到白球的概率是多少？

（2）第一只盒子中装有 5 只红球，4 只白球；第二只盒子中装有 4 只红球、5 只白球. 先从第一只盒中任取 2 只球放入第二盒中去，然后从第二盒中任取一只球，求取到白球的概率是多少？

18. 某种产品的商标为"MAXAM"，其中有 2 个字母脱落，有人随意放回，求放回后仍为"MAXAM"的概率.

19. 已知男子有 5% 是色盲患者，女子有 0.25% 是色盲患者. 今从男女人数相等的人群中随机地挑选一人，恰好是色盲者，问此人是男性的概率是多少？

20. 一学生接连参加同一课程的两次考试. 第一次及格的概率为 p，若第一次及格则第二次及格的概率也为 p；若第一次不及格则第二次及格的概率为 $\dfrac{p}{2}$.

（1）若至少有一次及格则他能取得某种资格，求他取得该资格的概率；

（2）若已知他第二次已经及格，求他第一次及格的概率.

第 2 章
条件概率与事件的独立性

2.1 条件概率

条件概率是概率论中一个重要而实用的概念，讨论在已知一个事件发生的条件下另一个事件发生的概率. 在给出概念之前，先看一个例子.

例 2.1.1 设有两个不透明的箱子，第一个箱子装有 1 个红球、4 个白球；第二个箱子装有 2 个红球和 3 个白球. 某人从第一个箱子中任取一球放入第二个箱子中，再从第二个箱子中任取一球，求已知从第一个箱子中取出白球的条件下从第二个箱子中取出红球的概率.

设事件 $A = \{$从第一个箱子取出白球$\}$，$B = \{$从第二个箱子取出红球$\}$.

本例是求在事件 A 发生条件下的事件 B 发生的概率，我们称此概率为条件概率，记作 $P(B \mid A)$.

在事件 A 发生的条件下，第二个箱子中有 2 个红球 4 个白球，因此一共有 6 个样本点，可导致事件 B 的样本点有 2 个，由古典概型的概率计算公式，得

$$P(B \mid A) = \frac{1}{3}.$$

我们对上例做进一步分析. 把从两个箱子取球看成一次试验，一共有 5×6 个样本点. 因此

$$P(A) = \frac{4 \times 6}{5 \times 6} = \frac{4}{5},$$

$$P(AB) = \frac{4 \times 2}{5 \times 6} = \frac{4}{15}.$$

分析 $P(B \mid A)$ 与 $P(B)$，$P(A)$ 的关系，有

$$P(B \mid A) = \frac{1}{3} = \frac{\dfrac{1}{3} \times \dfrac{4}{5}}{\dfrac{4}{5}} = \frac{\dfrac{4}{15}}{\dfrac{4}{5}},$$

因此有 $$P(B\mid A)=\frac{P(AB)}{P(A)}.$$

此关系式具有一般性. 下面给出当事件 A 发生后，事件 B 发生的条件概率的定义.

> **定义 2.1**　一般地，设 A，B 为两个事件，$P(A)>0$，称在已知事件 A 发生条件下事件 B 发生的概率为事件 B 的**条件概率**，记为 $P(B\mid A)$. 即
> $$P(B\mid A)=\frac{P(AB)}{P(A)}.$$

不难验证，条件概率 $P(B\mid A)$ 满足概率公理化的三个条件：

① **非负性**：对于每一个事件 B，有 $P(B\mid A)\geqslant 0$

② **规范性**：对于必然事件 Ω，有 $P(\Omega\mid A)=1$；

③ **可列可加性**：设 B_1，B_2，$\cdots$ 是两两互不相容的事件，则有
$$P\left(\bigcup_{i=1}^{\infty}B_i\mid A\right)=\sum_{i=1}^{\infty}P(B_i\mid A).$$

此外，既然条件概率符合上述三个条件，故 1.3 节中对概率所证明的一些重要结果都适用于条件概率. 因此，我们还可以得到下面的性质

④ $P(\Phi\mid B)=0$；

⑤ $P(A\mid B)=1-P(\overline{A}\mid B)$；

⑥ $P(A_1\cup A_2\mid B)=P(A_1\mid B)+P(A_2\mid B)-P(A_1A_2\mid B)$.

如对条件概率公式 $P(B\mid A)=\dfrac{P(AB)}{P(A)}$ 两端同乘 $P(A)(P(A)>0)$，则有
$$P(AB)=P(A)P(B\mid A). \tag{2.1.1}$$

同理，若 $P(B)>0$，则有 $P(AB)=P(B)P(A\mid B)$. （2.1.2）称式（2.1.1）或式（2.1.2）为概率的**乘法定理**.

更一般地，设 A_1，A_2，$\cdots$，A_n 为 n 个随机事件，且 $P(A_1A_2\cdots A_{n-1})>0$，则有
$$P(A_1A_2\cdots A_n)=P(A_1)P(A_2\mid A_1)\cdots P(A_n\mid A_1A_2\cdots A_{n-1}). \tag{2.1.3}$$

例 2.1.2　某光学仪器厂制造的透镜，第一次落下时打破的概率为 1/2，若第一次落下未打破，则第二次落下打破的概率为 7/10，若前两次落下未打破，则第三次落下打破的概率为 9/10. 试求透镜落下三次而未打破的概率.

解　设 $A_i(i=1,2,3)$ 表示事件"透镜第 i 次落下打破"，以 B

表示事件"透镜落下三次而未打破". 因为 $B = \overline{A_1 A_2 A_3}$，故有

$$P(B) = P(\overline{A_1 A_2 A_3}) = P(\overline{A_3} \mid \overline{A_1 A_2}) P(\overline{A_2} \mid \overline{A_1}) P(\overline{A_1})$$

$$= \left(1 - \frac{9}{10}\right)\left(1 - \frac{7}{10}\right)\left(1 - \frac{1}{2}\right) = \frac{3}{200}.$$

另解，按题意

$$\overline{B} = A_1 \cup \overline{A_1} A_2 \cup \overline{A_1 A_2} A_3.$$

而 A_1，$\overline{A_1} A_2$，$\overline{A_1 A_2} A_3$ 是两两互不相容的事件，故有

$$P(\overline{B}) = P(A_1) + P(\overline{A_1} A_2) + P(\overline{A_1 A_2} A_3).$$

已知 $P(A_1) = \frac{1}{2}$，$P(A_2 \mid \overline{A_1}) = \frac{7}{10}$，$P(A_3 \mid \overline{A_1 A_2}) = \frac{9}{10}$，即有

$$P(\overline{A_1} A_2) = P(A_2 \mid \overline{A_1}) P(\overline{A_1}) = \frac{7}{10}\left(1 - \frac{1}{2}\right) = \frac{7}{20},$$

$$P(\overline{A_1 A_2} A_3) = P(A_3 \mid \overline{A_1 A_2}) P(\overline{A_2} \mid \overline{A_1}) P(\overline{A_1})$$

$$= \frac{9}{10}\left(1 - \frac{7}{10}\right)\left(1 - \frac{1}{2}\right) = \frac{27}{200},$$

$$P(\overline{B}) = \frac{1}{2} + \frac{7}{20} + \frac{27}{200} = \frac{197}{200},$$

$$P(B) = 1 - \frac{197}{200} = \frac{3}{200}.$$

习题 2.1

1. 在所有 10 到 99 的两位数中任取一个数.

（1）求此数能被 4 整除的概率；

（2）求此数为偶数的概率；

（3）若已知此数为偶数，求此数能被 4 整除的概率.

2. 一个家庭中有两个小孩，已知其中有一个是女孩，问这时另一个小孩也是女孩的概率为多大（假定一个小孩是男还是女是等可能的）？

3. 设已知某种动物自出生能活过 20 岁的概率是 0.8，能活过 25 岁的概率是 0.4，问现龄 20 岁的该种动物能活过 25 岁的概率是多少？

4. 口袋中有 10 个乒乓球，其中有 3 个黄球、7 个白球，从中任取一球观察颜色后不放回，然后再任取一球.

（1）已知第一次取到的是黄球，求第二次取到的仍是黄球的概率；

（2）已知第二次取到的是黄球，求第一次取到的也是黄球的概率.

5. 设盒中有 r 只红球，t 只白球，每次从盒中任取一个球，观察其颜色后放回，再放入 a 只与所取颜色相同的球. 若在盒中连取 4 次，试求第一次、第二次取到红球，第三次、第四次取到白球的概率.

6. 盒子中有 4 只坏晶体管和 6 只好晶体管，任取两只，第一次取出的不放回. 若已经发现第一只是好的，求第二只也是好的的概率.

7. 一批产品的次品率为 4%，正品中一等品率为 75%，现从这批产品中任意取一件，试求恰好取到一等品的概率.

8. 设有 10 个球，其中有 7 个新球、3 个旧球，分别放在三个盒子中. 现从中任取一球，问此球为新球的概率.

9. 为安全起见，工厂同时装有两套报警系统.

已知每套系统单独使用时能正确报警的概率分别为 0.92 和 0.93，又已知第一套系统失灵时第二套系统仍能正常工作的概率为 0.85，试求该工厂在同时启用两套报警系统时，能正确报警的概率是多少？

2.2　全概率公式与贝叶斯公式

2.2.1　全概率公式

在计算比较复杂事件的概率时，我们需要将其分解成若干个两两互不相容的比较简单的事件的和，分别计算出这些简单事件的概率，再结合加法公式和乘法公式即可得出复杂事件的概率.

下面首先介绍样本空间划分的定义.

> **定义 2.2**　设 Ω 为试验 E 的样本空间，B_1, B_2, $\cdots$, B_n 为 E 的一组事件. 若满足
>
> （1）$B_i B_j = \varnothing$, $i \neq j$, i, $j = 1$, 2, $\cdots$, n;
>
> （2）$\bigcup\limits_{i=1}^{n} B_i = \Omega$.
>
> 则称 B_1, B_2, $\cdots$, B_n 为样本空间 Ω 的一个**划分**（或一个**完备事件组**）.

若 B_1, B_2, $\cdots$, B_n 为样本空间 Ω 的一个划分，则对每次试验，事件 B_1, B_2, $\cdots$, B_n 中必有一个发生且仅有一个发生.

若 B_1, B_2, $\cdots$, B_n 为样本空间 Ω 的一个划分，则任一事件 A 可分解为两两互不相容的事件的并：

$$A = \Omega A = \left(\bigcup_i B_i \right) A = \bigcup_i B_i A,$$

再结合加法公式和乘法公式即可算出 A 的概率.

> **定理 2.1（全概率公式）**　设试验 E 的样本空间为 Ω，A 为试验 E 的事件，B_1, B_2, $\cdots$, B_n 为 Ω 的一个划分，且 $P(B_i) > 0 (i = 1, 2, \cdots, n)$，则
>
> $$P(A) = P(B_1)P(A \mid B_1) + P(B_2)P(A \mid B_2) + \cdots + P(B_n)P(A \mid B_n)$$
>
> $$= \sum_{i=1}^{n} P(B_i)P(A \mid B_i) \qquad (2.2.1)$$
>
> 称式 (2.2.1) 为**全概率公式**.

在实际问题中，$P(A)$ 不容易求得，但却可以找到 Ω 的一个划分 B_1, B_2, $\cdots$, B_n，且 $P(B_i)$ 和 $P(A \mid B_i)$ 或为已知，或容易求

得，那么就可以根据定理 2.1 求出 $P(A)$.

例 2.2.1   市场供应的某种商品中，甲厂生产的产品占 50%，乙厂生产的产品占 30%，丙厂生产的产品占 20%. 已知甲、乙、丙厂产品的合格率分别为 90%，85%，95%，求顾客买到的这种产品为合格品的概率.

解   设 A_1，A_2，A_3 分别表示事件"买到的产品是甲厂生产的""买到的产品是乙厂生产的""买到的产品是丙厂生产的"，B 表示事件"买到的产品是合格品"，则 A_1，A_2，A_3 是一个完备事件组，且

$$P(A_1) = 50\% = 0.5, \qquad P(A_2) = 30\% = 0.3,$$
$$P(A_3) = 20\% = 0.2, \qquad P(B \mid A_1) = 90\% = 0.9,$$
$$P(B \mid A_2) = 85\% = 0.85, \qquad P(B \mid A_3) = 95\% = 0.95,$$

于是由全概率公式，有

$$\begin{aligned} P(B) &= P(A_1)P(B \mid A_1) + P(A_2)P(B \mid A_2) + P(A_3)P(B \mid A_3) \\ &= 0.5 \times 0.9 + 0.3 \times 0.85 + 0.2 \times 0.95 \\ &= 0.895. \end{aligned}$$

例 2.2.2   一商场出售两个工厂生产的电视机，甲厂的电视机次品率为 0.05，乙厂的电视机次品率为 0.2. 两个工厂生产的电视机都摆放在同一个仓库中，假设仓库中甲、乙两厂生产的电视机所占比例为 2:3，求这批电视机的合格率.

解   记 $B = \{合格电视机\}$，$A_1 = \{甲厂生产的电视机\}$，$A_2 = \{乙厂生产的电视机\}$. 则有分解

$$B = A_1 B \cup A_2 B.$$

依假设 $P(A_1) = \dfrac{2}{5}$，$P(A_2) = \dfrac{3}{5}$，$P(B \mid A_1) = 0.95$，$P(B \mid A_2) = 0.8$.

所以，由式（2.2.1）可得电视机的合格率

$$P(B) = 0.4 \times 0.95 + 0.6 \times 0.8 = 0.86.$$

2.2.2 贝叶斯公式

在全概率公式中，我们可以把事件 A 看成一个"结果"，而把完备事件组 B_1，B_2，$\cdots$，B_n 理解成导致这一结果发生的不同原因（或决定"结果"A 发生的不同情形），$P(B_i)(i = 1, 2, \cdots, n)$ 是各种原因发生的概率，通常是在"结果"发生之前就已经明确的，有时可以从以往的经验中得到，因而称之为**先验概率**. 在"结果"A 已经发生之后，再来考虑各种原因发生的概率 $P(B_i \mid A)(i = 1, 2, \cdots, n)$，它比先验概率得到了进一步的修正，称之为**后验概率**. 下面给出它的计算公式即贝叶斯公式.

定理 2.2（贝叶斯公式）　设试验 E 的样本空间为 Ω，A 为试验 E 中的事件，B_1，B_2，$\cdots$，B_n 为 Ω 的一个划分，且 $P(A)>0$，$P(B_i)>0(i=1,2,\cdots,n)$，则有

$$P(B_i \mid A) = \frac{P(B_iA)}{P(A)} = \frac{P(B_i)P(A \mid B_i)}{\sum\limits_{i=1}^{n} P(B_i)P(A \mid B_i)} \qquad (2.2.2)$$

称式（2.2.2）为**贝叶斯公式**，也称为**逆概率公式**.

一般地，能用贝叶斯公式解决的问题都有以下特点：

① 该随机试验可以分为两步，第一步试验有若干个可能结果，在第一步试验结果的基础上，再进行第二步试验，又有若干个结果.

② 如果要求与第二步试验结果有关的概率，则用贝叶斯公式. 贝叶斯公式在经营管理、投资决策、医学卫生统计等方面有重要的应用价值.

例 2.2.3　一医生对某种稀有疾病能正确诊断的概率为 0.3，当诊断正确时，病人能治愈的概率为 0.4，若未被正确诊断，病人自然痊愈的概率为 0.1. 已知某病人已痊愈，求他被医生正确诊断的概率.

解　设 $A=\{$该医生对稀有疾病能正确诊断$\}$，$B=\{$患有稀有疾病的病人已痊愈$\}$，由已知条件，$P(A)=0.3$，$P(\bar{A})=0.7$，$P(B \mid A)=0.4$，$P(B \mid \bar{A})=0.1$. 以 A，$\bar{A}$ 为一个划分，由贝叶斯公式

$$P(A \mid B) = \frac{P(AB)}{P(B)} = \frac{P(B \mid A)P(A)}{P(B \mid A)P(A) + P(B \mid \bar{A})P(\bar{A})}$$

$$= \frac{0.4 \times 0.3}{0.4 \times 0.3 + 0.1 \times 0.7} = \frac{12}{19}.$$

这里医生对某种稀有疾病能正确诊断的概率 $P(A)=0.3$ 是先验概率，而所求的条件概率 $P(A \mid B) = \dfrac{12}{19}$ 是在知道病人已痊愈的信息后对先验概率加以修正的概率，是后验概率.

例 2.2.4　某电子设备制造厂所用的某种元件是由三家元件制造厂提供的，根据以往的记录有以下的数据，见表 2.2.1：

表　2.2.1

元件制造厂	次品率	提供元件的份额
1	0.02	0.15
2	0.01	0.80
3	0.03	0.05

设这三家工厂的产品在仓库中是均匀混合的，且无区别的标志. ①在仓库中随机地取一只元件，求它是次品的概率；②在仓库中随机地取一只元件，若已知取到的是次品，为分析此次品出自何厂，需要求出此次品由三家工厂生产的概率分别是多少. 试求出这些概率.

解　设 A 表示"取到的是一只次品"，$B_i(i=1,2,3)$ 表示"所取到的产品是由第 i 家工厂提供的". 易知，B_1，B_2，B_3 是样本空间 Ω 的一个划分，且有

$$P(B_1)=0.15, P(B_2)=0.80, P(B_3)=0.05,$$
$$P(A\mid B_1)=0.02, P(A\mid B_2)=0.01, P(A\mid B_3)=0.03.$$

① 由全概率公式

$$P(A)=P(B_1)P(A\mid B_1)+P(B_2)P(A\mid B_2)+P(B_3)P(A\mid B_3)=0.0125.$$

② 由贝叶斯公式

$$P(B_1\mid A)=\frac{P(B_1)P(A\mid B_1)}{\sum_{i=1}^{3}P(B_i)P(A\mid B_i)}=\frac{0.15\times0.02}{0.0125}=0.24,$$

$$P(B_2\mid A)=0.64, P(B_3\mid A)=0.12,$$

以上结果表明，这只次品来自第 2 家工厂的可能性最大.

习题 2.2

1. 据美国的一份资料，在美国总的来说患肺癌的概率为 0.1%，在人群中有 20% 是吸烟者，他们患肺癌的概率为 0.4%，求不吸烟者患肺癌的概率是多少？

2. 对以往的数据结果表明，当机器调整得良好时，产品的合格率为 98%，而当机器发生某种故障时，其合格率为 55%. 每天早上机器开动时，机器调整良好的概率为 95%. 试求已知某日早上第一件产品是合格品时，机器调整良好的概率是多少？

3. 由以往的临床纪录，某种诊断癌症的试验具有如下效果：被诊断者患有癌症，试验结果为阳性的概率为 0.95；被诊断者没有患癌症，试验结果为阴性的概率为 0.98. 现对自然人群进行普查，设被试验的人群中患有癌症的概率为 0.005，求：已知试验结果为阳性，该被诊断者患有癌症的概率.

4. 6 人分 2 张球票，抽签决定. 问第 1 人抽得球票的概率与第 2 人抽得球票的概率是否相等？

5. 某工厂有四条流水线生产同一产品，已知这四条流水线的产量分别占总产量的 15%，20%，30% 和 35%，又知这四条流水线的产品不合格率依次为 0.05，0.04，0.03 及 0.02. 现从该工厂的这一产品中任取一件，问取到不合格品的概率是多少？

6. 袋中有大小相同的 a 个黄球、b 个白球. 现做不放回地摸球两次，问第 2 次摸得黄球的概率是多少？

7. 某人有一笔资金，他投入基金的概率为 0.58，购买股票的概率为 0.28，两项投资都做的概率为 0.19.

（1）已知他已投入基金，再购买股票的概率是多少？

（2）已知他已购买股票，再投入基金的概率是多少？

8. 灯泡耐用时间在 1000h 以上的概率为 0.2，求三个灯泡在使用 1000h 以后最多只有一个坏了的概率.

9. 有朋自远方来，他坐火车、坐船、坐汽车和

坐飞机的概率分别为 0.3，0.2，0.1，0.4. 若坐火车来，迟到的概率是 0.25，若坐船来，迟到的概率是 0.3，若坐汽车来，迟到的概率是 0.1，若坐飞机来，则不会迟到. 求他最后可能迟到的概率.

2.3 事件的独立性

2.3.1 事件独立性的概念

一般情况下，条件概率 $P(B|A) \neq P(B)$，即 A 的发生对 B 的发生是有影响的，但在实际问题中，事件 A 的发生也可能对 B 的发生没有影响，下面是一个例子：

例 2.3.1　盒子中有 5 只白色和 4 只黄色乒乓球，从中抽取两次，每次随机地抽取 1 个.

（1）第一次任取 1 球，观察其颜色后不放回袋中，再从剩余的球中任取 1 球. 这种抽取方式称为不放回抽样.

（2）第一次任取 1 球，观察其颜色后放回袋中，再从中任取 1 球. 这种抽取方式称为有放回抽样.

设 A 表示事件"第一次取到白球"，B 表示事件"第二次取到白球"，分别就上述两种方式求 $P(B)$ 和 $P(B|A)$.

解　（1）不放回抽样：

$$P(B|A) = \frac{4}{8} = \frac{1}{2},$$

$$P(B) = P(A)P(B|A) + P(\bar{A})P(B|\bar{A}) = \frac{5}{9} \times \frac{4}{8} + \frac{4}{9} \times \frac{5}{8} = \frac{5}{9}.$$

（2）放回抽样：

$$P(B|A) = \frac{5}{9},$$

$$P(B) = P(A)P(B|A) + P(\bar{A})P(B|\bar{A}) = \frac{5}{9} \times \frac{5}{9} + \frac{4}{9} \times \frac{5}{9} = \frac{5}{9}.$$

从例 2.3.1 中可以看出，在不放回抽样中，事件 A 的发生肯定要影响到事件 B 发生的概率，即 $P(B) \neq P(B|A)$. 而在有放回抽样中，事件 A 的发生不会影响到事件 B 发生的概率，即 $P(B) = P(B|A)$，进而由乘法公式有

$$P(AB) = P(A)P(B). \tag{2.3.1}$$

此时，我们称事件 A 与事件 B **相互独立**.

在实际问题中，往往不按此定义来判断事件的独立性，而是根据问题的实际意义，判断事件间是否存在关系，独立意味着不存在任何关系. 例如由例 2.3.1 可知，有放回抽样的结果相互独

立，无放回抽样的结果相互不独立.

设 A，B 是试验 E 的两个事件，若 $P(A)>0$，可以定义 $P(B\mid A)$. 一般地，A 的发生对 B 发生的概率是有影响的，这时 $P(B\mid A)\neq P(B)$，只有在这种影响不存在时才会有 $P(B\mid A)=P(B)$，这时有

$$P(AB)=P(A)P(B\mid A)=P(A)P(B).$$

任意 n 个事件 A_1，A_2，$\cdots$，A_n：若对每一 $2\leqslant s\leqslant n$，任意 s 个事件 A_{k_1}，A_{k_2}，$\cdots$，A_{k_s} 有

$$P(A_{k_1}A_{k_2}\cdots A_{k_s})=P(A_{k_1})P(A_{k_2})\cdots P(A_{k_s})\,(1\leqslant k_1<k_2<\cdots<k_s\leqslant n,$$
$$2\leqslant s\leqslant n),\qquad(2.3.2)$$

则称事件 A_1，A_2，$\cdots$，A_n **相互独立**. 作为一个特例，$n=3$ 时，A_1，A_2，A_3 相互独立当且仅当以下四个等式同时成立：

$$P(A_1A_2)=P(A_1)P(A_2),P(A_1A_3)=P(A_1)P(A_3),P(A_2A_3)$$
$$=P(A_2)P(A_3),\qquad(2.3.3)$$
$$P(A_1A_2A_3)=P(A_1)P(A_2)P(A_3).\qquad(2.3.4)$$

如果只有式(2.3.3)所列的三个等式成立，我们称之为事件 A_1，A_2，A_3 **两两独立**. 此时，第四个等式即式(2.3.4)不必成立. 因此多于两个事件相互独立包含了两两独立，反之不然. 下面是一个例子.

例 2.3.2　设有均匀的正四面体，第一面染成红色，第二面染成白色，第三面染成黑色，而第四面染成红、白、黑三种颜色，现在投掷一次该四面体，记事件 $A=\{$朝下的面有红色$\}$，$B=\{$朝下的面有白色$\}$，$C=\{$朝下的面有黑色$\}$，判断 A，B，C 的独立性.

根据题意 $P(A)=P(B)=P(C)=\dfrac{2}{4}=\dfrac{1}{2}$，

$$P(AB)=P(BC)=P(AC)=\frac{1}{4},\quad P(ABC)=\frac{1}{4},$$

因此 $P(AB)=P(A)P(B)$，$P(AC)=P(A)P(C)$，$P(BC)=P(B)P(C)$，即式(2.3.3)成立，故 A，B，C 两两独立.

但 $P(ABC)=\dfrac{1}{4}\neq\dfrac{1}{2}\times\dfrac{1}{2}\times\dfrac{1}{2}=P(A)P(B)P(C)$，

因而 A、B、C 两两独立，但不相互独立.

2.3.2　事件独立性的性质

定理 2.3　若事件 A、B 相互独立，且 $0<P(A)<1$，则

$$P(B\mid A)=P(B\mid\overline{A})=P(B).$$

定理 2.4　若事件 A、B 相互独立，则下列各对事件也相互独立：

$$\bar{A} \text{ 与 } B,\ A \text{ 与 } \bar{B},\ \bar{A} \text{ 与 } \bar{B}.$$

定理 2.5　(1) 若事件 A_1，A_2，…，$A_n(n \geqslant 2)$ 相互独立，则其中任意 $k(2 \leqslant k \leqslant n)$ 个事件也是相互独立的；

(2) 若 n 个事件 A_1，A_2，…，A_n 相互独立，则将 A_1，A_2，…，A_n 中任意多个事件换成它们各自的对立事件，所得的 n 个事件仍相互独立.

定理 2.6　设事件 A_1，A_2，…，$A_n(n \geqslant 2)$ 相互独立，则

$$\begin{aligned}
P(A_1 \cup A_2 \cup \cdots \cup A_n) &= 1 - P(\overline{A_1 \cup A_2 \cup \cdots \cup A_n}) \\
&= 1 - P(\bar{A_1}\bar{A_2}\cdots\bar{A_n}) \\
&= 1 - P(\bar{A_1})P(\bar{A_2})\cdots P(\bar{A_n}).
\end{aligned}$$

定理 2.6 告诉我们，当随机事件相互独立，求并事件的概率时，可以先求其对立事件的概率(对立事件可以由德摩根律转换为计算交事件的概率)，这样计算较为简单.

例 2.3.3　设三名射击队员在进行射击练习，射中目标物的概率分别是：1 号队员为 0.9，2 号队员为 0.8，3 号队员为 0.85. 求三人至少有一人射中目标物的概率.

解　设待求概率的事件为 A，记 $A_i = \{$ 第 i 号队员射中目标 $\}$ $(i=1,2,3)$. 依事件 A_1，A_2，A_3 的实际意义可知 A_1，A_2，A_3 相互独立，且

$$A = A_1 \cup A_2 \cup A_3,$$

因此使用概率的性质及独立性，有

$$\begin{aligned}
P(A) &= 1 - P(\overline{A_1 A_2 A_3}) = 1 - P(A_1)P(A_2)P(A_3) \\
&= 1 - 0.1 \times 0.2 \times 0.15 \\
&= 0.997.
\end{aligned}$$

例 2.3.4　一个电子元件(或由电子元件构成的系统)正常工作的概率称为元件(或系统)的可靠性. 现有 4 个独立工作的同种元件，可靠性都是 $r(0 < r < 1)$，按先串联后并联的方式连接(图 2.3.1). 求这个系统的可靠性.

解　设 $A_i(i=1,2,3,4)$ 表示事件"第 i 个元件正常工作"，A 表

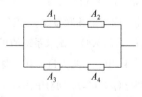

图　2.3.1

示事件"系统正常工作". 由题意，A_1，A_2，A_3，A_4 相互独立，且

$$P(A_1) = P(A_2) = P(A_3) = P(A_4) = r,$$
$$A = A_1 A_2 \cup A_3 A_4.$$

由概率的加法公式和事件的独立性，有

$$
\begin{aligned}
P(A) &= P(A_1 A_2 \cup A_3 A_4) = P(A_1 A_2) + P(A_3 A_4) - P(A_1 A_2 A_3 A_4) \\
&= P(A_1) P(A_2) + P(A_3) P(A_4) - P(A_1) P(A_2) P(A_3) P(A_4) \\
&= r^2 + r^2 - r^4 \\
&= 2r^2 - r^4.
\end{aligned}
$$

例 2.3.5   设每次试验中事件 A 发生的概率为 $p(0 < p < 1)$，且每次试验相互独立，问：不论 p 有多小，只要试验重复做下去，事件 A 几乎会发生，对吗？

解   设事件 $A_i = \{$第 i 次试验中事件 A 发生$\}$ $(i = 1, 2, \cdots, n)$，则 A_1，A_2，A_3，$\cdots$，A_n 相互独立，n 次试验中事件发生的概率为

$$P\left(\bigcup_{i=1}^{n} A_i\right) = 1 - P\left(\overline{\bigcup_{i=1}^{n} A_i}\right) = 1 - \prod_{i=1}^{n} P(\overline{A_i}) = 1 - (1-p)^n.$$

因为 $0 < p < 1$，所以当 $n \to \infty$ 时，有

$$\lim_{n \to \infty} P\left(\bigcup_{i=1}^{n} A_i\right) = 1 - \lim_{n \to \infty} (1-p)^n = 1.$$

例 2.3.5 表明，虽然小概率事件在一次试验中实际上不可能发生，但只要重复将试验做下去，小概率事件几乎必然发生. 因此决不能忽视小概率事件.

习题 2.3

1. 加工一零件共需经过 3 道工序，设第一、二、三道工序的次品率分别为 2%、3%、5%，假设各道工序是互不影响的，求加工出来的零件的次品率.

2. 甲、乙同时向一敌机炮击，已知甲击中敌机的概率为 0.6，乙击中敌机的概率为 0.5，求敌机被击中的概率.

3. 一个元件（或系统）能正常工作的概率称为元件（或系统）的可靠性. 如图 2.3.2 所示，设有 4 个独立工作的元件 1，2，3，4 按先串联再并联的方式连接（称为串并联系统）. 设第 i 个元件的可靠性为 $p_i (i = 1, 2, 3, 4)$，试求系统的可靠性.

4. 甲、乙两人进行乒乓球比赛，每局甲胜的概率为 $p(p \geq 1/2)$. 问对甲而言，采用三局两胜制有利，还是采用五局三胜制有利？设各局胜负相互独立.

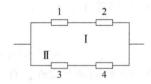

图 2.3.2   元件（或系统）连接图

5. 设第一只盒子装有 3 只蓝球、2 只绿球、2 只白球；第二只盒子装有 2 只蓝球、3 只绿球、4 只白球. 独立地分别从两只盒子各取一只球.（1）求至少有一只蓝球的概率，（2）求有一只蓝球一只白球的概率，（3）已知至少有一只蓝球，求有一只蓝球、一只白球的概率.

6. 三个人独立破译一密码，他们能独立译出的概率分别为 0.25、0.35、0.4，求此密码被译出的概率.

7. 设甲、乙、丙三人同时独立地向同一目标各射击一次，命中率分别为 1/3，1/2，2/3，求目标被命中的概率.

8. 一个元件能正常工作的概率称为这个元件的**可靠性**；由元件组成的系统能正常工作的概率称为系统的可靠性. 设构成系统的每个元件的可靠性均为 $r(0<r<1)$，且各元件能否正常工作是相互独立的. 设 $2n(n>1)$ 个元件有两种连接方式构成两个系统，如图 2.3.3 所示试求它们的可靠性，并比较两个可靠性的大小.

9. 某工人看管甲、乙、丙三台机床. 在 1h 内这三台机床需要照管的概率分别为 0.2，0.1，0.4，各台机床是否需要照管是相互独立的，且当一台机床需要照管时，时间不会超过 1h. 试求在 1h 内，机床因得不到需要的照管而被迫停机的概率.

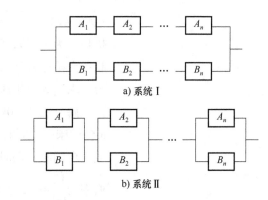

a) 系统 I

b) 系统 II

图 2.3.3　元件安置线路

10. 灯泡使用时间在 1000h 以上的概率为 0.2，求三个灯泡在使用 1000h 以后最多只有一个坏了的概率.

2.4　二项概率

随机试验重复进行 n 次，且任一次试验的结果相互独立，称这样的试验序列为**独立重复试验**，称重复试验次数为重数. 特别地，在 n 重独立重复试验中，若每次试验只有两个结果 A 或 $\overline{A}$，且 A 在每次试验中发生的概率为 p 不变，则称其为 n 重**伯努利试验**（或**伯努利概型**）.

伯努利试验是概率中很重要的概率模型，具有重要的理论意义和广泛的实际应用. 下面我们讨论在 n 重伯努利概型中，事件 A 恰好发生 k 次的概率 $P_n(k)$.

设 $P(A)=p(0<p<1)$，$P(\overline{A})=1-p$. 用 $A_i(i=1,2,\cdots,n)$ 表示事件"第 i 次试验中 A 发生"，$A_k=\{$在 n 重伯努利试验中，A 恰好发生 k 次$\}(k=0,1,\cdots,n)$，那么"n 次试验中前 k 次 A 发生，后 $n-k$ 次 A 不发生"的概率为

$$P(A_1 A_2 \cdots A_k \overline{A}_{k+1} \cdots \overline{A}_n)=P(A_1)P(A_2)\cdots P(A_k)P(\overline{A}_{k+1})\cdots P(\overline{A}_n)$$
$$=p^k(1-p)^{n-k}.$$

类似地，A 在指定的 k 个试验序号上发生，在其余的 $n-k$ 个试验序号上不发生的概率都是 $p^k(1-p)^{n-k}$，而在试验序号 1，2，$\cdots$，n 中指定 k 个序号的不同方式共有 C_n^k 种，所以在 n 重伯努利试验中，事件 A 恰好发生 k 次的概率为

$$P_n(k)=C_n^k p^k(1-p)^{n-k} \quad (k=1,2,\cdots,n). \quad (2.4.1)$$

式 (2.4.1) 通常称为**二项概率**.

例 2. 4. 1   某车间有 5 台同类型的机床,每台机床配备的电动机功率为 10kW. 已知每台机床工作时,平均每 h 实际开动 12min,且各台机床开动与否相互独立. 如果为这 5 台机床提供 30kW 的电力,求这 5 台机床能正常工作的概率.

解   由于 30kW 的电力可以同时供给 3 台机床开动,因此在 5 台机床中,同时开动的台数不超过 3 台时能正常工作,而有 4 台或 5 台同时开动时则不能正常工作. 因为事件"每台机床开动"的概率为 $\dfrac{12}{60}=\dfrac{1}{5}$,所以 5 台机床能正常工作的概率为

$$p = \sum_{k=0}^{3} P_5(k) = 1 - P_5(4) - P_5(5)$$
$$= 1 - C_5^4 \left(\frac{1}{5}\right)^4 \left(\frac{4}{5}\right) - C_5^5 \left(\frac{1}{5}\right)^5 \approx 0.993.$$

这 5 台机床不能正常工作的概率大约为 0.007,根据实际推断原理,在一次试验中几乎不可能发生,因此,可以认为提供 30kW 的电力基本上能够保证 5 台机床正常工作.

总习题 2

1. 已知随机事件 A 的概率 $P(A) = 0.5$,随机事件 B 的概率 $P(B) = 0.6$,条件概率 $P(B \mid A) = 0.8$,试求 $P(AB)$ 及 $P(A \mid B)$.

2. 一批零件共 100 个,次品率为 10%,每次从中任取一个零件,取出的零件不再放回去,求第三次才取得正品的概率.

3. 将 13 个分别写有 A, A, A, C, E, H, I, I, M, M, N, T, T 的卡片随意地排成一行,求恰好排成单词"MATHEMATICIAN"的概率.

4. 从一批由 45 件正品、5 件次品组成的产品中任取 3 件产品,求其中恰好有 1 件次品的概率.

5. 发报台分别以概率 0.6 和 0.4 发出信号"∗"和"−". 由于通信系统受到干扰,当发出信号"∗"时,收报台未必收到信号"∗",而是分别以概率 0.8 和 0.2 收到信号"∗"和"−";同样,当发出信号"−"时,收报台分别以概率 0.9 和 0.1 收到信号"−"和"∗". 求(1)收报台收到信号"∗"的概率;(2)当收报台收到信号"∗"时,发报台确是发出信号"∗"的概率.

6. 设某一工厂有 A,B,C 三个车间,它们生产同一种螺钉,每个车间的产量,分别占该厂生产螺钉总产量的 25%,35%,40%,每个车间成品中次品螺钉占该车间生产量的百分比分别为 5%,4%,2%. 如果从全厂总产品中抽取一件产品,得到了次品. 求它依次是车间 A,B,C 生产的概率.

7. 某学生研究小组共有 12 名同学,求这 12 名同学的生日都集中在第二季度(即 4 月、5 月和 6 月)的概率.

8. 两人相约 7 点到 8 点在校门口见面,试求一人要等另一人 0.5h 以上的概率.

9. 设 10 个考题签中有 4 个难答,3 人参加抽签,甲先抽,乙次之,丙最后. 求下列事件的概率:

(1) 甲抽到难签;

(2) 甲未抽到难签而乙抽到难签;

(3) 甲、乙、丙均抽到难签.

10. 将一枚均匀硬币连续独立抛掷 10 次,恰有 5 次出现正面的概率是多少? 有 4~6 次出现正面的概率是多少?

11. 某宾馆大楼有 4 部电梯,通过调查,知道在某时刻 T,各电梯正在运行的概率均为 0.75,求:

（1）在此时刻至少有 1 部电梯在运行的概率；

（2）在此时刻恰好有一半电梯在运行的概率；

（3）在此时刻所有电梯都在运行的概率.

12. 设甲、乙、丙三人同时独立地向同一目标各射击一次，命中率分别为 1/3，1/2，2/3. 求目标被命中的概率.

13. 假设一部机器在一天内发生故障的概率为 0.2，机器发生故障时全天停止工作，若一周五个工作日里每天是否发生故障相互独立，试求一周五个工作日里发生 3 次故障的概率.

3

随机变量及其概率分布

　　本章将引入概率论中另一个重要的概念——随机变量. 它的引入使概率论的研究从对具体随机事件扩大到对一般随机事件. 随机变量用来描述随机试验的结果. 在实际问题中, 有些随机试验的结果需要同时用两个或更多个随机变量来描述, 并且这些随机变量往往并非是彼此孤立的. 要研究这些随机变量以及彼此之间的关系, 我们需要将它们作为一个整体来考虑, 为此我们引入多维随机变量的概念, 并着重讨论一维和二维随机变量.

　　本章的主要内容有: 一维随机变量的分布函数以及边缘分布函数, 一维离散型随机变量的分布律、边缘分布律及条件分布律, 一维连续型随机变量的概率密度、边缘概率密度及条件概率密度, 二维随机变量的分布函数以及边缘分布函数, 二维离散型和连续型随机变量, 随机变量的独立性以及随机变量函数的分布等.

3.1　一维随机变量及其分布函数

3.1.1　随机变量

　　在第 1 章中介绍了随机试验相关概念. 知道随机试验的所有可能结果, 有的可以用数来表示, 有的却与数无关, 例如, 投掷一枚硬币, 观察正面、反面出现的情况, 其结果为正面或反面, 不是数. 对于这种非数值的随机试验, 我们可以把试验结果数量化. 例如, 令出现正面为 1, 出现反面为 0, 这样就把结果转换为数了. 将随机试验的结果量化后, 就可以用数学工具来研究随机现象的统计规律性.

　　下面给出随机变量的定义.

> **定义 3.1**　设随机试验的样本空间为 $\Omega = \{\omega\}$. 若 $X = X(\omega)$ 是定义在样本空间 Ω 上的实值单值函数, 则称 $X = X(\omega)$ 为**随机变量**.

随机变量常用希腊字母 ξ，η，ζ 或大写英文字母 X，Y，Z 等来表示.

引入了随机变量以后，就可用随机变量表示在随机试验下的各种形式的随机事件.

例 3.1.1　在某工厂的生产线上共有 M 个节能灯泡、其中次品率为 p，抽取 $m(m \leqslant M)$ 个后不放回，观察生产线上的次品数.

题中观察对象有一个明显的量化指标，即抽到的样品中的次品数，我们记之为 K，则 K 的可能值为 0，1，2，$\cdots$，m. 同样可使用古典概型的计算公式计算 K 取任一可能值的概率. 事件 $Q = \{$没有次品$\}$，$G = \{$至少有 3 个次品$\}$，$T = \{$不多于 f 个次品$\}$，则 Q，G，T 可分别用随机变量 K 表示为

$$Q = \{\omega \mid K(\omega) = 0\}, G = \{\omega \mid K(\omega) \geqslant 3\}, T = \{\omega \mid K(\omega) \leqslant f\}.$$

在事件表示中可省去 ω，因此也可表示为

$$Q = \{K = 0\}, G = \{K \geqslant 3\}, T = \{K \leqslant f\}.$$

例 3.1.2　从装有 p 张白卡片和 q 张黑卡片的盒子中抽出一张，观察抽出卡片的颜色后放回盒中. 此时卡片的颜色为观察对象，我们引进如下的量化指标（记为 X）：

$$X = \begin{cases} 1, & \text{当抽到的是白卡片,} \\ 0, & \text{当抽到的是黑卡片.} \end{cases}$$

此试验的样本空间为 $\Omega = \{a_1, a_2, \cdots, a_p, b_1, b_2, \cdots, b_q\}$，其中 a_i 表示白卡片张数 $(i = 1, 2, \cdots, p)$，b_j 表示黑卡片张数 $(j = 1, 2, \cdots, q)$. 在试验前，X 的取值是不确定的，而一旦有了试验结果后，X 的值就完全确定. 对 $1 \leqslant i \leqslant p$，则 $X(a_i) = 1$，对 $1 \leqslant j \leqslant q$，$X(b_j) = 0$，于是

$$P(X = 1) = P\{\text{抽到的是白卡片}\} = \frac{p}{p+q},$$

$$P(X = 0) = P\{\text{抽到的是黑卡片}\} = \frac{q}{p+q}.$$

由例 3.1.2 可知，随机变量由试验结果所确定，因而其取值是随机的，读者可以通过计算事件概率的方法来计算随机变量取任一可能值时的概率.

3.1.2　随机变量的分布函数

下面我们研究随机变量 X 取值在 $(a, b]$ 的概率：$P(a < X \leqslant b)$.

因为 $\{a < X \leqslant b\} = \{X \leqslant b\} - \{X \leqslant a\}$，且 $\{X \leqslant a\} \subset \{X \leqslant b\}$，则由概率减法公式，有 $P(a < X \leqslant b) = P(X \leqslant b) - P(X \leqslant a)$，所以我们只需知道 $P(X \leqslant b)$ 以及 $P(X \leqslant a)$ 就可以了，由此引入分布函数的

概念.

> **定义 3.2**　设 X 是一个随机变量, x 为任意实数, 称实值函数
> $$F(x) = P(X \leqslant x) \quad (-\infty < x < +\infty)$$
> 为随机变量 X 的**分布函数**, 简称**分布**.

根据分布函数的定义, 对于实数域 **R** 上的任意实数 x, 函数 $F(x)$ 的值为事件 $\{X \leqslant x\}$ 发生的概率, 也就是随机变量 X 在区间 $(-\infty, x]$ 上的概率.

例 3.1.3　设袋中有六张卡片依次标有数字 -3, 1, 1, 2, 2, 2. 现从中任取一张卡片, 随机变量 X 为取得的卡片上标有的数字, 求 X 的分布函数.

解　X 可能取的值为 -3, 1, 2, 由古典概型可知: X 取这些值的概率依次为 $\dfrac{1}{6}$, $\dfrac{1}{3}$, $\dfrac{1}{2}$.

当 $x < -3$ 时, 事件 $\{X \leqslant x\}$ 是不可能事件, 因此 $F(x) = 0$;

当 $-3 \leqslant x < 1$ 时, 事件 $\{X \leqslant x\}$ 等同于事件 $\{X = -3\}$, 因此 $F(x) = \dfrac{1}{6}$;

当 $1 \leqslant x < 2$ 时, 事件 $\{X \leqslant x\}$ 等同于事件 $\{X = -3$ 或 $X = 1\}$, 因此 $F(x) = \dfrac{1}{6} + \dfrac{1}{3} = \dfrac{1}{2}$.

当 $2 \leqslant x$ 时, $\{X \leqslant x\}$ 为必然事件, 因此 $F(x) = 1$.

综上, X 的分布函数为

$$F(x) = \begin{cases} 0, & x < -3, \\[2mm] \dfrac{1}{6}, & -3 \leqslant x < 1, \\[2mm] \dfrac{1}{2}, & 1 \leqslant x < 2, \\[2mm] 1, & x \geqslant 2. \end{cases}$$

它的图形如图 3.1.1 所示.

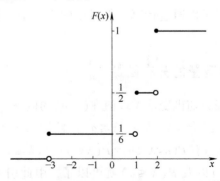

图 3.1.1　分布函数图像

由分布函数的定义可知，随机变量 X 在 $(a,b]$ 上的概率为

$$P(a<X\leqslant b)=P(X\leqslant b)-P(X\leqslant a)=F(b)-F(a).$$

从例 3.1.3 的分布函数及其图形中可看到分布函数具有右连续、单调不减等性质，具体说，分布函数 $F(x)$ 具有下列性质：

（1）$0\leqslant F(x)\leqslant 1(-\infty<x<+\infty)$；

（2）对于任意的 $x_1<x_2$ 时，有 $F(x_1)\leqslant F(x_2)$，即分布函数是单调不减的；

（3）$\lim\limits_{x\to-\infty}F(x)=0$ 及 $\lim\limits_{x\to+\infty}F(x)=1$；

（4）$\lim\limits_{x\to x_0^+}F(x)=F(x_0)(-\infty<x_0<+\infty)$.

即分布函数是一个右连续的函数.

　　证明　（1）由于 $F(x)=P(X\leqslant x)$，由概率的性质知 $0\leqslant F(x)\leqslant 1$.

　　（2）对于任意 $x_1<x_2$，事件 $\{X\leqslant x_1\}\subset\{X\leqslant x_2\}$，因此，由概率的性质可知 $P(X\leqslant x_1)\leqslant P(X\leqslant x_2)$，即 $F(x_1)\leqslant F(x_2)$.

　　（3）、（4）的证明略.

　　可以证明凡是满足上述四条性质的函数是某随机变量的分布函数.

例 3.1.4　设随机变量 X 的分布律为

X	0	1	3
P	$\dfrac{1}{6}$	$\dfrac{1}{2}$	$\dfrac{1}{3}$

求①X 的分布函数；②$P\{X\leqslant-3\}$；③$P\left\{\dfrac{1}{2}<X\leqslant\dfrac{5}{2}\right\}$；④$P\{2\leqslant X\leqslant 4\}$.

　　解　① 因为 $F(x)=P\{X\leqslant x\}$，所以

1）当 $x<0$ 时，$F(x)=P\{X\leqslant x\}=P\{X<0\}=P\{\varnothing\}=0$；

2）当 $0\leqslant x<1$ 时，$F(x)=P\{X\leqslant x\}=P\{X<1\}=P\{X=0\}=\dfrac{1}{6}$；

3）当 $1\leqslant x<3$ 时，

$$F(x)=P\{X\leqslant x\}=P\{X<3\}=P\{X=0\}+P\{X=1\}=\dfrac{1}{6}+\dfrac{1}{2}=\dfrac{2}{3};$$

4）当 $3\leqslant x<+\infty$ 时，

$$F(x)=P\{X\leqslant x\}=P\{X<+\infty\}=P\{X=0\}+P\{X=1\}+P\{X=3\}$$

$$=\dfrac{1}{6}+\dfrac{1}{2}+\dfrac{1}{3}=1.$$

所以 X 的分布为

$$F(x) = \begin{cases} 0, & x<0, \\ \dfrac{1}{6}, & 0 \leqslant x < 1, \\ \dfrac{2}{3}, & 1 \leqslant x < 3, \\ 1, & x \geqslant 3. \end{cases}$$

② $P(X \leqslant -3) = F(-3) = 0.$

③ $P\left\{ \dfrac{1}{2} < X \leqslant \dfrac{5}{2} \right\} = F\left(\dfrac{5}{2} \right) - F\left(\dfrac{1}{2} \right) = \dfrac{2}{3} - \dfrac{1}{6} = \dfrac{1}{2}.$

④ $P\{2 \leqslant X \leqslant 4\} = F(4) - F(2) + P\{X=2\} = 1 - \dfrac{2}{3} + 0 = \dfrac{1}{3}.$

习题 3.1

1. $F(x) = \begin{cases} 0, & x<0, \\ \dfrac{1}{1+x^2}, & x \geqslant 0 \end{cases}$ 是否为某随机变量 X 的分布函数?

2. 若定义分布函数 $F(x) = P\{X \leqslant x\}$, 则函数 $F(x)$ 是某一随机变量 X 的分布函数的充要条件是(   ).

A. $0 \leqslant F(x) \leqslant 1$.

B. $0 \leqslant F(x) \leqslant 1$, $F(-\infty)=0$, $F(+\infty)=1$.

C. $F(x)$ 单调不减, 且 $F(-\infty)=0$, $F(+\infty)=1$.

D. 函数 $F(x)$ 单调不减, 函数 $F(x)$ 右连续, 且 $F(-\infty)=0$, $F(+\infty)=1$.

3. 设 X 的分布函数为 $F_1(x)$, Y 的分布函数为 $F_2(x)$, 而 $F(x) = aF_1(x) - bF_2(x)$ 是某随机变量 Z 的分布函数, 则 a, b 可取(   ).

A. $a = \dfrac{3}{5}$, $b = -\dfrac{2}{5}$.   B. $a = b = \dfrac{2}{3}$.

C. $a = -\dfrac{1}{2}$, $b = \dfrac{3}{2}$.   D. $a = \dfrac{1}{2}$, $b = -\dfrac{3}{2}$.

4. 设 X 的可能取值为 0, 1, 2, 且 $P(X=0) = 0.25$, $P(X=1) = 0.35$, $P(X=2) = 0.4$, 而 $F(x) = P\{X \leqslant x\}$, 则 $F(\sqrt{2}) = $ (   ).

A. 0.6.   B. 0.35.

C. 0.25.   D. 0.

5. 掷一枚均匀的骰子, 以 X 表示朝上的点数, 求 X 的分布函数.

6. 某车站每 30min 发一班车, 乘客在任意时刻随机到达车站, 以 X 表示乘客的到达时刻, 求乘客候车超过 10min 的概率.

7. 一批产品中含有正品和次品, 从中每次任取一件, 有放回地连取 3 次, 以 X 表示取到的次品数.

(1) 写出 X 的可能取值及对应事件的样本点;

(2) 设该批产品的次品率为 p, 求 X 的取值概率.

8. 独立重复地掷一枚均匀硬币, 直到出现正面为止, 设 X 表示首次出现正面的试验次数, 则 X 的所有可能取值及其在各个可能值的概率是多少?

9. 设随机变量 X 的所有可能取值为 -1, 0, 1, 且 $P(X=-1) = \dfrac{1}{4}$, $P(X=0) = \dfrac{1}{2}$, $P(X=1) = \dfrac{1}{4}$, 其分布函数为

$$F(x) = \begin{cases} a, & x<-1, \\ b, & -1 \leqslant x < 0, \\ 3/4, & 0 \leqslant x < 1, \\ c, & x \geqslant 1, \end{cases}$$ 试求 a, b, c.

10. 设随机变量 X 的可能取值为 0, 1, 2, 3, 4 且

$$P(X=0) = 0.1, \quad P(X=1) = 0.2, \quad P(X=2) = 0.3, \quad P(X=3) = 0.3, \quad P(X=4) = 0.1,$$

求 (1) $P(1 < X \leqslant 4)$; (2) X 的分布函数 $F(x)$.

3.2　一维离散型随机变量

3.1 节我们通过随机变量的引入，使概率论的研究范围从个别随机事件扩大到一般随机现象. 如果一个随机变量 X 全部可能取到的值是有限个或可列个，则称这种随机变量为**离散型随机变量**，它的分布称为离散型随机变量分布律，不符合上述情况的称为非离散型随机变量.

3.2.1　离散型随机变量的分布律

要描述一个离散型随机变量 X 的统计规律性，只需知道 X 的所有可能值，以及取到每个可能取值的概率. 为此，给出下面的定义.

定义 3.3　设 X 为一个离散型随机变量，它可能取的值为 x_1，x_2，$\cdots$，事件 $\{X=x_i\}$ 的概率为 $p_i(i=1,2,\cdots)$，那么，可以用表 3.2.1 来表达 X 取值的规律：

表 3.2.1　离散型随机变量 X 的分布律

X	x_1	x_2	$\cdots$	x_i	$\cdots$
P	p_1	p_2	$\cdots$	p_i	$\cdots$

其中 $0 \leqslant p_i \leqslant 1 (i=1,2,\cdots)$，$\sum\limits_i p_i = 1$. 表 3.2.1 所表示的函数称为离散型随机变量 X 的**分布律**.

例 3.2.1　掷一枚骰子，设随机变量 X 为出现的点数，求 X 的分布律.

解　掷骰子，每个点数出现的可能性相等，故

$$P\{X=1\} = P\{X=2\} = P\{X=3\} = P\{X=4\} = P\{X=5\} = P\{X=6\} = \frac{1}{6}.$$

所以 X 的分布律为

X	1	2	3	4	5	6
P	1/6	1/6	1/6	1/6	1/6	1/6

或记作 $X \sim \begin{pmatrix} 1 & 2 & 3 & 4 & 5 & 6 \\ 1/6 & 1/6 & 1/6 & 1/6 & 1/6 & 1/6 \end{pmatrix}$.

例 3.2.2　签筒中有编号为①②③④⑤的 5 个签，现从中同时取出 3 个，求抽到的签中最小号码 X 的分布律与分布函数.

解　X 的所有可能取值为 1，2，3，$\{X=1\}$ 表示 3 个签中的最小号码为 1，可能取法有 C_4^2 种；$\{X=2\}$ 表示 3 个签中的最小号码为②，可能取法有 C_3^2 种；$\{X=3\}$ 表示 3 个签中的最小号码为③，此时只有一种取法. 而在 5 个签中任取 3 个的所有可能取法共有 C_5^3 种. 由古典概型定义得

$$P(X=1)=\frac{C_4^2}{C_5^3}=\frac{3}{5}, \ P(X=2)=\frac{C_3^2}{C_5^3}=\frac{3}{10}, \ P(X=3)=\frac{1}{C_5^3}=\frac{1}{10},$$

因此，所求的分布律为

X	1	2	3
P	0.6	0.3	0.1

下面求 X 的分布函数 $F(x)$：

当 $x<1$ 时，$\{X\leqslant x\}$ 为不可能事件，因此 $F(x)=0$；

当 $1\leqslant x<2$ 时，$\{X\leqslant x\}=\{X=1\}$，因此 $F(x)=P(X=1)=0.6$；

当 $2\leqslant x<3$ 时，$\{X\leqslant x\}=\{X=1$ 或 $X=2\}$，因此
$F(x)=P(X=1)+P(X=2)=0.6+0.3=0.9$；

当 $x\geqslant 3$ 时，$\{x\geqslant 3\}$ 为必然事件，因此 $F(x)=1$.

综上，X 的分布函数为

$$F(x)=\begin{cases}0, & x<1, \\ 0.6, & 1\leqslant x\leqslant 2, \\ 0.9, & 2\leqslant x\leqslant 3, \\ 1, & x\geqslant 3.\end{cases}$$

注：设 X 的分布函数为例 3.2.2 中所求的，而
$P(X=1)=P(X\leqslant 1)=F(1)=0.6$；
$P(X=2)=P(1<X\leqslant 2)=F(2)-F(1)=0.9-0.6=0.3$；
$P(X=3)=P(2<X\leqslant 3)=F(3)-F(2)=1-0.9=0.1$；
因此 X 的分布律为

X	1	2	3
P	0.6	0.3	0.1

例 3.2.2 说明已知离散型随机变量的分布律，就可以求得其分布函数；反之，知道离散型随机变量的分布函数，也可以得到随机变量的分布律.

对于离散型随机变量，我们需要掌握它所有可能取值，以及取这些值时相应的概率，这就是离散型随机变量取值的统计规律性. 对于离散型随机变量，使用分布律来刻画其取值规律要比用分布函数方便、直观.

3.2.2 常用离散型分布

下面介绍几种重要的离散型随机变量.

1. 伯努利分布

在 2.4 节介绍了伯努利试验, 下面介绍伯努利分布.

定义 3.4 若随机变量 X 只可能取 x_1 与 x_2 两值, 它的分布律为

$$P(X=x_1)=1-p\,(0<p<1)\,,\qquad P(X=x_2)=p\,,$$

则称 X 服从参数为 p 的**伯努利分布**. 特别地, 当 $x_1=0$, $x_2=1$ 时, 其分布律见表 3.2.2:

表 3.2.2　随机变量 X 的分布律

X	0	1
P	q	p

其中 $0<p<1$, $q=1-p$, 或记为 $P(X=k)=p^k q^{1-k}$, $k=0$, 1, 则称 X 的分布为 **0-1 分布、两点分布**.

　　对于一个随机试验, 如果它的样本空间只包含两个元素, 即 $S=\{a_1,a_2\}$, 我们总能在 S 上定义一个服从伯努利分布的随机变量

$$X=X(a)=\begin{cases}0, & \text{当 } a=a_1,\\ 1, & \text{当 } a=a_2\end{cases}$$

来描述这个随机试验的结果. 例如, 对新生儿的性别进行登记, 从某地区医院随机调查, 试验只关心新生儿是男孩还是女孩, 则可设: 当调查到的是男孩时, $X=1$; 调查到的是女孩时, $X=0$. 此时, X 就服从伯努利分布.

2. 二项分布

定义 3.5 设随机变量 X 表示 n 重伯努利试验中事件 A 发生的次数, 则 X 的分布律为

$$P(X=k)=C_n^k p^k (1-p)^{n-k}\quad (k=0,1,2,\cdots,n).$$

　　如表 3.2.3:

表 3.2.3　随机变量 X 的分布律

X	0	1	$\cdots$	k	$\cdots$	n
P	$(1-p)^n$	$C_n^1 p(1-p)^{n-1}$	$\cdots$	$C_n^k p^k (1-p)^{n-k}$	$\cdots$	p^n

称随机变量 X 服从参数为 n, p 的**二项分布**, 记作 $X \sim B(n,p)$, 这里 $0<p<1$, $p=P(A)$.

特别地,当 $n=1$ 时(只进行一次伯努利试验),二项分布可化为 $P\{X=k\}=p^kq^{1-k}$,$k=0$,1. 这就是 0-1 分布(伯努利分布).

例如某人进行射击训练,设每次射击的命中率为 p. 若独立射击 n 次,以 X 表示击中目标的次数,则 X 服从参数为 n,p 的二项分布 $B(n,p)$.

例 3.2.3 一张考卷上有 4 道选择题,每道题有 4 种可能答案,其中只有一个答案是正确的. 求某学生靠猜测至少能答对 3 道题的概率.

解 每答一道题就相当于一次伯努利试验,答 4 道题相当于做 4 重伯努利试验. 设事件 $A=\{$答对一道题$\}$,则 $P(A)=\dfrac{1}{4}$.

设 X 表示该学生靠猜测答对的题数,则 $X\sim B\left(4,\dfrac{1}{4}\right)$.

$$P(X=k)=C_4^k\left(\frac{1}{4}\right)^k\left(1-\frac{1}{4}\right)^{4-k},k=0,1,2,3,4.$$

表 3.2.4 随机变量 X 的分布律

X	0	1	2	3	4
P	$\dfrac{81}{256}$	$\dfrac{108}{256}$	$\dfrac{54}{256}$	$\dfrac{12}{256}$	$\dfrac{1}{256}$

所以至少能答对 3 道题的概率为

$$P(X\geqslant3)=P(X=3)+P(X=4)=C_4^3\left(\frac{1}{4}\right)^3\frac{3}{4}+C_4^4\left(\frac{1}{4}\right)^4=\frac{13}{256}.$$

例 3.2.4 有一批已知次品率为 0.05 的产品,现从中随机抽取 10 只,若发现次品数多于 1 个则认为这批产品不合格. 求这批产品不合格的概率.

解 设 X 为 10 件产品中次品的个数,则 X 服从参数为 10,0.05 的二项分布 $B(10,0.05)$. 由题意,当 $X>1$ 时,认为这批产品不合格,因此,这批产品不合格的概率为

$$P(X>1)=1-P(X=0)-P(X=1)$$
$$=1-C_{10}^0(0.05)^0(0.95)^{10}-C_{10}^1(0.05)(0.95)^9$$
$$\approx0.09.$$

例 3.2.5 设某运输公司有 300 辆汽车参加保险,在一年内每辆汽车出事故的概率为 0.005,每辆参加保险的汽车每年交保险费

900 元, 若一辆汽车出事故公司最多赔偿 50000 元, 求保险公司一年盈利不少于 120000 元的概率.

解 令 $A = \{$某辆汽车出事故$\}$, 则 $P(A) = 0.005$, 设 X 为 300 辆汽车在一年内出事故的车数, 则因此 $X \sim B(300, 0.005)$.

保险公司一年收的保险费 900 元×300 = 270000 元, 赔偿费为 50000X 元. 由题意, 若保险公司盈利不少于 120000 元, 即 900× 300−50000$X \geqslant$ 120000, 则 $X \leqslant 3$. 也就是在一年中出事故的车不能超过 3 辆.

因此所求的概率为

$$P(X \leqslant 3) = \sum_{i=0}^{3} C_{300}^{k} (0.005)^k (1-0.005)^{300-k}.$$

3. 泊松分布

定义 3.6 设随机变量 X 的分布律为

$$P(X=k) = \frac{\lambda^k}{k!} e^{-\lambda} (k=0,1,2,\cdots).$$

其中 $\lambda > 0$, 则称随机变量 X 服从参数为 λ 的**泊松 (Poisson) 分布**, 记作 $X \sim P(\lambda)$.

在例 3.2.5 求解过程中, 当 n 很大, p 很小, 且 np 适中时, 我们给出二项分布的近似公式. 由泊松分布的定义, 该近似实际上就是用泊松分布近似计算二项分布.

例 3.2.6 设某厂共有 100 台设备, 各台设备的状态相互独立, 且发生故障的概率均为 0.01, 求下列两种情况下, 设备发生故障而不能得到及时修理的概率.

(1) 配备 5 名维修工, 每人负责 20 台设备;

(2) 配备 3 名维修工, 共同负责 100 台设备.

解 (1) 每名维修工负责 20 台设备, 设 20 台设备中出故障的台数为 X, 则 $X \sim B(20, 0.01)$. 于是

$$P(X \geqslant 2) = \sum_{k=2}^{20} C_{20}^{k} 0.01^k 0.99^{20-k}$$

$$\approx \sum_{k=2}^{20} \frac{0.2^k e^{-0.2}}{k!} (\lambda = 20 \times 0.01 = 0.2)$$

$$\approx \sum_{k=2}^{\infty} \frac{0.2^k e^{-0.2}}{k!} = 0.0175,$$

即每 20 台设备出现故障没人修的概率约为 0.0175.

设 $A_i = \{$第 i 个 20 台设备发生故障没人修$\}$ $(i=1,2,3,4,5)$,

则设备出现故障没人修的概率为

$$P(A_1 \cup A_2 \cup A_3 \cup A_4 \cup A_5) = 1 - P(\overline{A_1 \cup A_2 \cup A_3 \cup A_4 \cup A_5})$$

$$= 1 - P(\overline{A_1}\,\overline{A_2}\,\overline{A_3}\,\overline{A_4}\,\overline{A_5})$$

$$= 1 - P(\overline{A_1})P(\overline{A_2})P(\overline{A_3})P(\overline{A_4})P(\overline{A_5})$$

$$= 1 - (1 - 0.0175)^5$$

$$= 0.085.$$

(2) 设 100 台设备中出现故障的台数为 Y，则 $Y \sim B(100, 0.01)$．于是设备出现故障没人修的概率为

$$P(Y \geqslant 4) = \sum_{k=4}^{100} C_{100}^k 0.01^k 0.99^{100-k}$$

$$\approx \sum_{k=4}^{100} \frac{1^k e^{-1}}{k!} \quad (\lambda = 100 \times 0.01 = 1)$$

$$\approx \sum_{k=4}^{\infty} \frac{1^k e^{-1}}{k!}$$

$$= 0.019.$$

可见这两种情况，第一种情况设备出现故障没人修的概率较大．

注　书末的附表 1 列出了泊松分布的概率值．例如当 X 服从 $P(0.2)$ 时，查附表 1 中"$\lambda = 0.2$"这一列，得到

$$P(X = 1) = 0.9825.$$

泊松分布可作为描述单位面积、单位产品上的计数次数的概率分布，它在实际生活中应用较广，例如，杂志书刊某页的印刷错误数、某十字路口 1min 内驶入的轿车流量、某地区医院一天内急诊病人数、某乡镇在一天内邮递遗失的快递数等都服从泊松分布，由此可见泊松分布在概率论的实际应用中的重要性．直接计算例 3.2.5 中的概率上式比较困难，下面介绍二项分布的一个近似公式：

设随机变量 X 服从二项分布 $B(n, p)$，当 n 很大，p 很小(一般 $n \geqslant 20, p \leqslant 0.1$)且 $\lambda = np$ 适中时，有

$$P(X = k) \approx \frac{\lambda^k}{k!} e^{-\lambda} \quad (k = 0, 1, 2, \cdots, n).$$

回到例 3.2.5，有 $\lambda = 300 \times 0.005 = 1.5$，因此，

$$P(X \leqslant 3) \approx \sum_{k=0}^{3} \frac{1.5^k}{k!} e^{-1.5} \approx 0.934.$$

习题 3.2

1. 设一汽车开往目的地的道路上需经过 4 盏信号灯，每盏灯以 0.6 的概率允许汽车通过，以 0.4 的概率禁止汽车通过（设各盏信号灯的工作相互独立），以 X 表示汽车首次停下时已经通过的信号灯盏数，求 X 的分布律.

2. 函数 $F(x)=\begin{cases} 0, & x<-2, \\ \dfrac{1}{2}, & -2\leqslant x<0, \\ 1, & x\geqslant 0 \end{cases}$ 是（　　）.

A. 某一离散型随机变量 X 的分布函数.

B. 某一连续型随机变量 X 的分布函数.

C. 既不是连续型也不是离散型随机变量的分布函数.

D. 不可能为某一随机变量的分布函数.

3. 设离散型随机变量 X 的分布律是 $P\{X=k\}=\dfrac{k}{C}, k=1,2,\cdots,10$，则 $C=$ _____.

4. 设离散型随机变量 X 的分布律是 $F(x)=P\{X\leqslant x\}$，用 $F(x)$ 表示概率 $P\{X=x_0\}=$ _____.

5. 设随机变量 X 的分布函数为

$$F(x)=\begin{cases} 0, & x<-1, \\ \dfrac{1}{3}, & -1\leqslant x<0, \\ \dfrac{3}{4}, & 0\leqslant x<1, \\ 1, & x>1, \end{cases}$$

求 X 的概率分布.

6. 设 X 是离散型随机变量，其分布律为

X	−1	0	1	2	3
P	0.3	$3a$	a	0.1	0.2

求（1）常数 a；（2）$Y=2X+3$ 的分布律.

3.3　一维连续型随机变量

离散型随机变量的取值只可能取有限多个或可列个. 但在现实生活中，如元件的寿命 T，数据测量时的误差 ε 等，对于这些非离散型随机变量 X，由于其可能可能取值不能一一列举出来，以致无法用离散型随机变量的分布律进行描述，对于这样的问题，我们关心的是随机变量可能的取值落在一个区间上的概率，进而引入随机变量的概率密度函数的概念.

3.3.1　概率密度函数及其性质

定义 3.7　如果随机变量 X 的分布函数 $F(x)$，存在非负函数 $f(x)$，对任意实数 x，都有

$$F(x)=\int_{-\infty}^{x}f(t)\mathrm{d}t,$$

则称 X 为**连续型随机变量**，$f(x)$ 为 X 的**概率密度函数**（简称**概率密度**），并称 X 的分布为**连续型分布**.

概率密度函数 $f(x)$ 具有下列性质：

（1）$f(x) \geqslant 0$；

$f(x) \geqslant 0$，表明密度曲线 $y = f(x)$ 在 X 轴上方；

（2）$\int_{-\infty}^{+\infty} f(x)\mathrm{d}x = 1^{\ominus}$；

$\int_{-\infty}^{\infty} f(x)\mathrm{d}x = 1$ 表明密度曲线 $y = f(x)$ 与 X 轴所夹图形的面积为 1.

（3）$P(a < X \leqslant b) = \int_{-\infty}^{b} f(x)\mathrm{d}x - \int_{-\infty}^{a} f(x)\mathrm{d}x = \int_{a}^{b} f(x)\mathrm{d}x.$

由定积分的几何意义可知，$P(a < X \leqslant b)$ 的值为以 x 轴上的区间 $(a, b]$ 为底、曲线 $y = f(x)$ 为顶的曲边梯形的面积（见图 3.3.1）.

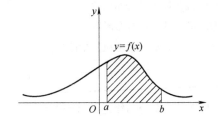

图 3.3.1　概率密度函数与区间概率 $P(a < X \leqslant b)$ 的关系

（4）$P(X = a) = 0$，即连续型随机变量 X 在任意点取值的概率为 0. 由此可见，概率为 0 的随机事件不一定是不可能事件，则

$$P(a < X \leqslant b) = P(a \leqslant X \leqslant b) = P(a \leqslant X < b) = P(a < X < b).$$

（5）$F(x)$ 是连续函数，且在 $f(x)$ 的连续点处有 $F'(x) = f(x)$.

若 X 为连续型随机变量，其分布函数 $F(x)$ 也是连续的. 本书提到的随机变量的概率分布，若随机变量 X 是连续型随机变量，则指其概率密度，若 X 为离散型随机变量，则指其分布律.

例 3.3.1　　假设 X 是连续型随机变量，其密度函数为

$$f(x) = \begin{cases} \dfrac{1}{a}x^2, & 0 < x < 3, \\[2mm] 0, & \text{其他}; \end{cases}$$

求：（1）a 的值；（2）$P(-1 < X < 1)$.

解　（1）因为 $f(x)$ 是一个密度函数，所以必须满足 $\int_{-\infty}^{+\infty} f(x)\mathrm{d}x = 1$，于是有

$\ominus$　如果有一个定义在整个数轴上的函数 $f(x)$，它除了有限个点外处处都连续，且满足（1）、（2），那么，可以证明 $\int_{-\infty}^{x} f(t)\mathrm{d}t$ 是一个分布函数，即 $f(x)$ 是一个密度函数.

$$1 = \int_{-\infty}^{\infty} f(x)\,dx = \int_0^3 \frac{1}{a}x^2\,dx = \frac{1}{a}\frac{x^3}{3}\Big|_0^3 = \frac{1}{a} \times 9,$$

解得　$a = 9.$

（2）$P(-1<X<1) = \int_{-1}^1 f(x)\,dx = \int_{-1}^0 0\,dx + \int_0^1 \frac{1}{9}x^2\,dx = \frac{1}{27}.$

对于连续型随机变量，用概率密度描述它的分布比用分布函数更加直观.

3.3.2　常用连续型分布

1. 均匀分布

定义 3.8　若随机变量 X 具有概率密度

$$f(x) = \begin{cases} \dfrac{1}{b-a}, & a<x<b, \\ 0, & \text{其他}, \end{cases}$$

则称 X 服从区间 (a,b) 上的**均匀分布**，其中 a，b 为两个参数，且 $a<b$，记作 $X \sim U(a,b)$.

注意，（1）$f(x) \geqslant 0$，且 $\int_{-\infty}^{\infty} f(x)\,dx = 1.$

（2）若 $X \sim U(a,b)$，则 X 落在任意长度的子区间的可能性是相同的，也就是说 X 落在任何子区间内的概率只和该子区间的长度有关，而与子区间的位置无关. 事实上，$P(c<X<c+l) = \int_c^{c+l} \frac{1}{b-a}\,dx = \frac{x}{b-a}\Big|_c^{c+l} = \frac{l}{b-a}$，只和长度 l 有关，与 c 无关. 所以只要区间长度相等，那落在区间内的概率也相等，这相当于在 (a,b) 的几何概型.

例 3.3.2　设某公交车站点从早上 6 时起，每 10min 来一趟车. 某乘客在 6：00 到 6：30 之间任意时刻等可能到达该站点，求该乘客等候时间不超过 5min 的概率.

解　设该乘客于上午 6 点过 X 分到达车站，由于乘客在 6：00 到 6：30 之间随机到达，因此 X 是服从区间 $(0,30)$ 上的均匀分布，即 X 的密度函数为

$$f(x) = \begin{cases} \dfrac{1}{30}, & 0<x<30, \\ 0, & \text{其他}. \end{cases}$$

要使乘客等候公交车时间不到 5min，该乘客应在 6：05 到

6:10之间或在6:15到6:20之间或6:25到6:30之间到达车站，因此所求概率为

$$P(5 \leqslant X \leqslant 10) + P(15 \leqslant X \leqslant 20) + P(25 \leqslant X \leqslant 30) =$$

$$\int_5^{10} \frac{1}{30} \mathrm{d}x + \int_{15}^{20} \frac{1}{30} \mathrm{d}x + \int_{25}^{30} \frac{1}{30} \mathrm{d}x = \frac{1}{2}.$$

2. 指数分布

定义 3.9   设 X 的密度函数为

$$f(x) = \begin{cases} \lambda \mathrm{e}^{-\lambda x}, & x>0, \\ 0, & \text{其他}, \end{cases} \text{ 其中 } \lambda>0 \text{ 为常数,}$$

则称随机变量 X 服从参数为 λ 的**指数分布**，记作 $X \sim E(\lambda)$.

当随机变量 X 服从参数为 λ 的指数分布时，分布函数为

$$F(x) = \int_{-\infty}^x f(t)\,\mathrm{d}t = \begin{cases} 0, & x<0, \\ \int_0^x \lambda \mathrm{e}^{-\lambda t}\,\mathrm{d}t, & x \geqslant 0, \end{cases} = \begin{cases} 0, & x<0, \\ 1 - \mathrm{e}^{-\lambda x}, & x \geqslant 0. \end{cases}$$

指数分布具有下列重要性质.

无记忆性： $\forall s, t>0, P(X>s+t \mid X>s) = P(X>t)$

证 $\forall s, t>0, P(X>s+t \mid X>s) = \dfrac{P(X>s+t, X>s)}{P(X>s)} = \dfrac{P(X>s+t)}{P(X>s)}$

$$= \frac{1-\left[1-\mathrm{e}^{-\lambda(s+t)}\right]}{1-(1-\mathrm{e}^{-\lambda s})} = \mathrm{e}^{-\lambda t} = P(X>t).$$

无记忆性，即在已知 $\{X>s\}$ 发生的条件下，$\{X>s+t\}$ 发生的概率就等于 $\{X>t\}$ 发生的概率. 指数分布具有无记忆性，这一性质在实际中有重要的应用. 例如 X 是某一节能灯使用寿命，若节能灯已经使用 m 小时，即 $P\{X>m+t \mid X>m\} = P\{X>t\}$，它总共能至少使用 $m+t$ 小时的条件概率，与至少能使用 t 小时的概率相等，即节能灯对已经使用过 m 小时没有记忆，剩余寿命与原来寿命同分布.

指数分布在可靠性问题中有着重要的应用，常常用作各种"寿命"或等待时间的分布. 例如电子元件的使用寿命、细胞分裂次数等都服从指数分布.

例 3.3.3   设某元件的使用寿命 X(单位：h)服从参数 $\lambda = 0.002$ 的指数分布，求(1) 元件在使用 500h 内损坏的概率；

(2) 该元件在使用 1000h 后未损坏的概率；

(3) 该元件在使用 500h 未损坏的情况下，可以再使用 500h 的概率.

解   由题意知，X 服从参数为 0.002 的指数分布，因此 X 的密度函数为

$$f(x) = \begin{cases} 0.002\mathrm{e}^{-0.002x}, & x>0, \\ 0, & \text{其他.} \end{cases}$$

（1）元件在使用 500h 内损坏（寿命 $X<500$）的概率

$$P(0<X<500) = \int_0^{500} 0.002\mathrm{e}^{-0.002x}\mathrm{d}x = 1-\mathrm{e}^{-1}.$$

（2）元件在使用 1000h 后未损坏（寿命 $X\geq1000$）的概率

$$P(X\geq1000) = \int_{1000}^{+\infty} 0.002\mathrm{e}^{-0.002x}\mathrm{d}x = \mathrm{e}^{-2}.$$

（3）由指数分布的无记忆性，要求元件在使用 500h 未损坏的情况下，可以再使用 500h 的概率和从开始使用能再用 500h 的概率相等，即

$$P(X>500+500\mid X>500) = P(X>500) = 1-\int_0^{500} 0.002\mathrm{e}^{-0.002x}\mathrm{d}x = \mathrm{e}^{-1}.$$

3. 正态分布

正态分布在实际生活中应用广泛，例如，电子元件在正常条件下的使用寿命受到质量、使用方式、电压等等因素的作用，而每种因素在正常情形下都是相互独立的，且他们的影响都是非常微小的，那么一般都可以认为该随机变量服从或近似服从正态分布.

下面引入正态分布的概念.

定义 3.10 设随机变量 X 的概率密度为

$$f(x) = \frac{1}{\sqrt{2\pi}\,\sigma}\mathrm{e}^{-\frac{(x-\mu)^2}{2\sigma^2}} \quad (-\infty<x<+\infty),$$

其中 μ，σ 都是常数，$\sigma>0$，则称随机变量 X 服从参数为 μ，σ^2 的**正态分布**，记作 $X\sim N(\mu,\sigma^2)$.

定义 3.11 特别地，当 $\mu=0$，$\sigma^2=1$ 时，X 的密度函数记为

$$f(x) = \frac{1}{\sqrt{2\pi}}\mathrm{e}^{-\frac{x^2}{2}}, \quad -\infty<x<\infty,$$

称 X 服从**标准正态分布**. 即 $X\sim N(0,1)$.

服从标准正态分布的随机变量 X 的分布函数为

$$\varPhi(x) = \int_{-\infty}^{x} f(t)\mathrm{d}t = \int_{-\infty}^{x}\frac{1}{\sqrt{2\pi}}\mathrm{e}^{-\frac{t^2}{2}}\mathrm{d}t.$$

服从标准正态分布的随机变量 X 的密度函数 $f(x)$ 及分布函数 $\varPhi(x)$ 见图 3.3.2.

正态分布是概率论中最重要且最常见的分布，例如，某小学

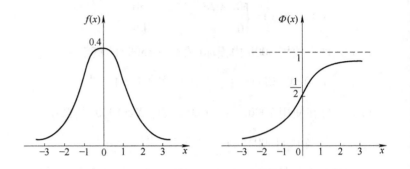

图 3.3.2　正态分布随机变量的密度函数和分布函数

五年级学生的身高、学生的期末考试成绩、测量误差等都服从正态分布.

正态分布 $N(\mu, \sigma^2)$ 的密度函数的图像见图 3.3.3.

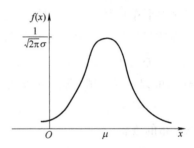

图 3.3.3　正态分布密度函数图像

正态分布 $N(\mu, \sigma^2)$ 的密度函数 $f(x)$ 的图形具有以下性质:

(1) $f(x)$ 关于 $x=\mu$ 对称;

(2) 在 $x=\mu$ 处, $f(x)$ 取得最大值 $\dfrac{1}{\sqrt{2\pi}\,\sigma}$;

(3) $f(x)$ 以 x 轴为渐近线;

(4) 在 $(-\infty, \mu)$ 内 $f(x)$ 单调增加, 在 $(\mu, +\infty)$ 内 $f(x)$ 单调减少;

(5) 当 σ 较小时, 曲线较陡峭, 当 σ 较大时, 密度函数曲线平坦, 如图 3.3.4 所示, 因此也称 σ 为 $f(x)$ 的形状参数.

书后附有标准正态分布表, 给出了大于 0 的数 x 对应的分布函数值 $\varPhi(x)$, 对于小于 0 的数 x 对应的分布函数值 $\varPhi(x)$ 并未给出, 但是标准正态密度函数 $f(x)$ 为偶函数, 由图 3.3.2 中标准正态分布密度曲线的对称性可知, 对任意 x, 有 $P(X \leqslant -x) = P(X \geqslant x) = 1 - P(X \leqslant x)$, 即 $\varPhi(-x) = 1 - \varPhi(x)$.

当 $x<0$ 时, 就可以利用上述关系式 $\varPhi(x) = 1 - \varPhi(-x)$, 通过查表得 $\varPhi(-x)$ 的值进而算出 $\varPhi(x)$ 的值.

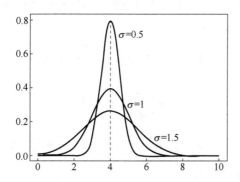

图 3.3.4　不同 σ 的正态分布密度函数

设 $X \sim N(\mu, \sigma^2)$，则

$$P(a < X \leqslant b) = \frac{1}{\sqrt{2\pi}\,\sigma} \int_a^b e^{-\frac{(x-\mu)^2}{2\sigma^2}} \mathrm{d}x$$

$$\xrightarrow[\text{令}\frac{x-\mu}{\sigma}=t]{} \frac{1}{\sqrt{2\pi}} \int_{\frac{a-\mu}{\sigma}}^{\frac{b-\mu}{\sigma}} e^{-\frac{t^2}{2}} \mathrm{d}t = \Phi\left(\frac{b-\mu}{\sigma}\right) - \Phi\left(\frac{a-\mu}{\sigma}\right). \tag{3.3.1}$$

例 3.3.4　设 X 服从 $N(0,1)$. 求 a，使得 $P(X > a) = 0.005$.

解　因为 $P(X > a) = 1 - P(X \leqslant a) = 0.005$，所以

$$P(X \leqslant a) = \Phi(a) = 1 - 0.005 = 0.995,$$

查标准正态分布表，得 $a = 2.57$.

例 3.3.5　设 Y 服从 $N(1,4)$，计算 $P(0 < Y \leqslant 1.6)$.

解　$\mu = 1$，$\sigma = \sqrt{4} = 2$.

$$P(0 < Y \leqslant 1.6) = \Phi\left(\frac{1.6-1}{2}\right) - \Phi\left(\frac{0-1}{2}\right) = \Phi(0.3) - \Phi(-0.5)$$

$$= \Phi(0.3) - [1 - \Phi(0.5)] = 0.6179 - (1 - 0.6915) = 0.3094.$$

若 $X \sim N(\mu, \sigma^2)$，利用式 3.3.1 有

$$P(\mu - \sigma < X < \mu + \sigma) = \Phi\left(\frac{\mu + \sigma - \mu}{\sigma}\right) - \Phi\left(\frac{\mu - \sigma - \mu}{\sigma}\right)$$

$$= \Phi(1) - \Phi(-1) = 2\Phi(1) - 1 = 0.6826,$$

$$P(\mu - 2\sigma < X < \mu + 2\sigma) = \Phi(2) - \Phi(-2) = 2\Phi(2) - 1 = 0.9544,$$

$$P(\mu - 3\sigma < X < \mu + 3\sigma) = \Phi(3) - \Phi(-3) = 2\Phi(3) - 1 = 0.9974.$$

上式说明正态分布的随机变量的取值几乎全部落在 $(\mu - 3\sigma, \mu + 3\sigma)$ 上，而在这个区间外取值的概率很小，这就是"3σ 原则".

例 3.3.6　以 X 表示某校学生某次考试成绩（百分制），抽样结果表明，X 近似服从正态分布 $N(72, \sigma^2)$，且 96 分以上的学生占

考生总数的 2.3%，试求考生的成绩在 48 至 96 分之间的概率.

解　由题意，有

$$P(X \geqslant 96) = 1 - \Phi\left(\frac{96-72}{\sigma}\right) = 0.023,$$

从而

$$\Phi\left(\frac{24}{\sigma}\right) = 0.977.$$

由标准正态分布表，可得 $\dfrac{24}{\sigma} = 2$，因此 $\sigma = 12$，这样 $X \sim N(72, 12^2)$，故所求概率为

$$
\begin{aligned}
P(48 \leqslant X \leqslant 96) &= P\left(\frac{48-72}{12} \leqslant \frac{X-\mu}{\sigma} \leqslant \frac{96-72}{12}\right) \\
&= \Phi(2) - \Phi(-2) \\
&= 2\Phi(2) - 1 \\
&= 2 \times 0.9772 - 1 \\
&= 0.9544.
\end{aligned}
$$

习题 3.3

1. 已知连续型随机变量 X 的概率密度为 $f(x) = \begin{cases} kx+1, & 0 \leqslant x \leqslant 2, \\ 0, & \text{其他.} \end{cases}$ 求系数 k，并计算概率 $P(1.5 < X < 2.5)$.

2. 设连续型变量 X 的概率密度为 $p(x)$，分布函数为 $F(x)$，则对于任意 x 值有（　　）.

    A. $P(X=0) = 0$　　　B. $F'(x) = p(x)$

    C. $P(X=x) = p(x)$　　D. $P(X=x) = F(x)$

3. 任一个连续型的随机变量 X 的概率密度为 $p(x)$，则 $p(x)$ 必满足（　　）

    A. $0 \leqslant p(x) \leqslant 1$　　　B. 单调不减

    C. $\int_{-\infty}^{+\infty} p(x)\mathrm{d}x = 1$　　D. $\lim_{x \to +\infty} p(x) = 1$

4. 为使 $p(x) = \begin{cases} \dfrac{c}{\sqrt{1-x^2}}, & |x| < 1, \\ 0, & |x| \geqslant 1 \end{cases}$ 成为某个随机变量 X 的概率密度，则 c 应满足（　　）.

    A. $\int_{-\infty}^{+\infty} \dfrac{c}{\sqrt{1-x^2}}\mathrm{d}x = 1$　　B. $\int_{-1}^{1} \dfrac{c}{\sqrt{1-x^2}}\mathrm{d}x = 1$

    C. $\int_{0}^{1} \dfrac{c}{\sqrt{1-x^2}}\mathrm{d}x = 1$　　D. $\int_{-1}^{+\infty} \dfrac{c}{\sqrt{1-x^2}}\mathrm{d}x = 1$

5. 设随机变量 X 的概率密度为 $p(x) = A\mathrm{e}^{-\frac{|x|}{2}}$，则 $A = (\quad)$.

    A. 2　　　B. 1　　　C. $\dfrac{1}{2}$　　　D. $\dfrac{1}{4}$

6. 设 X 的概率密度函数为 $p(x) = \dfrac{1}{2}\mathrm{e}^{-|x|}$，$-\infty < x < +\infty$，又 $F(x) = P\{X \leqslant x\}$，则 $x < 0$ 时，$F(x) = (\quad)$.

    A. $1 - \dfrac{1}{2}\mathrm{e}^{x}$　　　　B. $1 - \dfrac{1}{2}\mathrm{e}^{-x}$

    C. $\dfrac{1}{2}\mathrm{e}^{-x}$　　　　D. $\dfrac{1}{2}\mathrm{e}^{x}$

7. 设 $p(x) = \begin{cases} \dfrac{x}{c}\mathrm{e}^{\frac{x^2}{2c}}, & x > 0, \\ 0, & x \leqslant 0 \end{cases}$ 是随机变量 X 的概率密度，则常数 c（　　）.

    A. 可以是任意非零常数

    B. 只能是任意正常数

    C. 仅取 1

    D. 仅取 -1

8. 设连续型随机变量 X 的分布函数为 $F(x)$，则 $Y = 1 - \dfrac{1}{2}X$ 的分布函数为（　　）.

A. $F(2-2y)$　　　B. $\dfrac{1}{2}F\left(1-\dfrac{y}{2}\right)$

C. $2F(2-2y)$　　D. $1-F(2-2y)$

9. 设随机变量 X 的密度函数 $p(x)$ 是连续的偶函数（即 $p(x)=p(-x)$），而 $F(x)$ 是 X 的分布函数. 则对任意实数 a 有（　　）

A. $F(a)=F(-a)$

B. $F(-a)=1-\displaystyle\int_0^a p(x)\,\mathrm{d}x$

C. $F(-a)=\dfrac{1}{2}-\displaystyle\int_0^a p(x)\,\mathrm{d}x$

D. $F(-a)=2F(a)-1$

10. 若随机变量 $\xi\sim U(1,6)$，求方程 $x^2+\xi x+1=0$ 有实根的概率.

3.4　二维随机变量及其分布

3.4.1　二维随机变量及其分布函数

前面我们讨论的随机试验只是涉及一个随机变量，但在实际生活中，有的随机试验的结果会涉及两个或多个随机变量. 例如，体检验血的化验结果同时有血脂、胆固醇等若干个指标，那么其结果要用多个随机变量表示. 因此有必要引入多维随机变量. 本书我们主要研究两个随机变量的情形，多个随机变量可由两个随机变量推广得到.

> **定义 3.12**　设随机试验 E 的样本空间为 Ω，X 和 Y 是定义在 Ω 上的随机变量，则称它们构成的向量 (X,Y) 为**二维随机变量**或**二维随机向量**，称二元函数
> $$F(x,y)=P\{(X\leqslant x)\cap(Y\leqslant y)\}=P\{X\leqslant x,Y\leqslant y\}\quad(3.4.1)$$
> 为二维随机变量 (X,Y) 的**分布函数**，或称随机变量 X 和 Y 的**联合分布函数**，其中 x 和 y 为任意实数.

前面讨论的随机变量为一维随机变量.

如果将二维随机变量 (X,Y) 视为 xOy 平面上随机点的坐标，则分布函数 $F(x,y)$ 在点 (x,y) 处的函数值就是随机点落在以点 (x,y) 为顶点且位于该点左下方的无界矩形域（如图 3.4.1）内的概率.

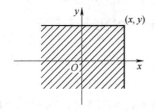

图 3.4.1　二维随机变量分布函数的意义

二维随机变量 (X,Y) 的分布函数 $F(x,y)$ 具有下列性质：

性质 1 $F(x,y)$是变量 x 和 y 的不减函数，即对任意固定的 x，当 $y_1 < y_2$ 时，有 $F(x,y_1) \leqslant F(x,y_2)$,   (3.4.2)
对固定的 y，当 $x_1 < x_2$ 时，有

$$F(x_1,y) \leqslant F(x_2,y).   (3.4.3)$$

性质 2 $0 \leqslant F(x,y) \leqslant 1$，并且
$$F(-\infty,-\infty) = \lim_{\substack{x \to -\infty \\ y \to -\infty}} F(x,y) = 0; \quad F(+\infty,+\infty) = \lim_{\substack{x \to +\infty \\ y \to +\infty}} F(x,y) = 1;$$

(3.4.4)

对任意固定的 x，有 $F(x,-\infty) = \lim_{y \to -\infty} F(x,y) = 0$;

对任意固定的 y，有 $F(-\infty,y) = \lim_{x \to -\infty} F(x,y) = 0$.

性质 3 $F(x,y)$关于 x 右连续，关于 y 右连续，即有
$$F(x,y) = F(x+0,y); \quad F(x,y) = F(x,y+0).   (3.4.5)$$

性质 4 对于任意的 (x_1,y_1)，(x_2,y_2)，$x_1 < x_2$，$y_1 < y_2$，下述不等式成立：
$$F(x_2,y_2) - F(x_1,y_2) - F(x_2,y_1) + F(x_1,y_1) \geqslant 0.   (3.4.6)$$

需要指出的是：如果一个二元函数具有上述四条性质，则该函数一定可以作为某个二维随机变量 (X,Y) 的分布函数.

3.4.2 边缘分布函数

定义 3.13 二维随机变量 (X,Y) 作为一个整体，具有分布函数 $F(x,y)$，而 X 和 Y 都是随机变量，所以各自也具有分布函数. 把 X 的分布函数记作 $F_X(x)$，称之为二维随机变量 (X,Y) 关于 X 的边缘分布函数；把 Y 的分布函数记作 $F_Y(y)$，称之为二维随机变量 (X,Y) 关于 Y 的边缘分布函数.

边缘分布函数 $F_X(x)$ 和 $F_Y(y)$ 可以由 (X,Y) 的分布函数 $F(x,y)$ 来确定，事实上
$$F_X(x) = P\{X \leqslant x\} = P\{X \leqslant x, Y < +\infty\} = F(x,+\infty),$$
即

$$F_X(x) = F(x,+\infty) = \lim_{y \to +\infty} F(x,y).   (3.4.7)$$
类似地，有

$$F_Y(y) = F(+\infty, y) = \lim_{x \to +\infty} F(x, y). \qquad (3.4.8)$$

例 3.4.1　已知二维随机变量(X, Y)的分布函数为

$$F(x, y) = M\left(N + \arctan \frac{x}{2}\right)\left(Q + \arctan \frac{y}{3}\right) \qquad (-\infty < x < \infty)$$

确定常数 M, N, Q, 并求 $F(x, y)$ 关于 X 和 Y 的边缘分布函数 $F_X(x)$ 和 $F_Y(y)$.

解　根据二维随机变量(X, Y)的分布函数的性质, 有

$$\lim_{\substack{x \to +\infty \\ y \to +\infty}} F(x, y) = \lim_{\substack{x \to +\infty \\ y \to +\infty}} M\left(N + \arctan \frac{x}{2}\right)\left(Q + \arctan \frac{y}{3}\right)$$

$$= M\left(N + \frac{\pi}{2}\right)\left(Q + \frac{\pi}{2}\right) = 1,$$

$$\lim_{x \to -\infty} F(x, y) = \lim_{x \to -\infty} M\left(N + \arctan \frac{x}{2}\right)\left(Q + \frac{y}{3}\right)$$

$$= M\left(N - \frac{\pi}{2}\right)\left(Q + \arctan \frac{y}{3}\right) = 0,$$

$$\lim_{y \to -\infty} F(x, y) = \lim_{y \to -\infty} M\left(N + \arctan \frac{x}{2}\right)\left(Q + \frac{y}{3}\right)$$

$$= M\left(N + \arctan \frac{x}{2}\right)\left(Q - \frac{\pi}{2}\right) = 0,$$

解得

$$M = \frac{1}{\pi^2}, N = \frac{\pi}{2}, Q = \frac{\pi}{2}.$$

所以(X, Y)的分布函数为

$$F(x, y) = \frac{1}{\pi^2}\left(\frac{\pi}{2} + \arctan \frac{x}{2}\right)\left(\frac{\pi}{2} + \arctan \frac{y}{3}\right).$$

于是, 两个边缘分布函数分别为

$$F_X(x) = F(x, +\infty) = \lim_{y \to +\infty} F(x, y) = \frac{1}{\pi}\left(\frac{\pi}{2} + \arctan \frac{x}{2}\right),$$

$$F_Y(y) = F(+\infty, y) = \lim_{x \to +\infty} F(x, y) = \frac{1}{\pi}\left(\frac{\pi}{2} + \arctan \frac{y}{3}\right).$$

习题 3.4

1. 设二维随机变量(X, Y)的联合分布函数为 $F(x, y) = A(B + \arctan x)(C + \arctan y)$, 求常数 A, B, $C(-\infty < x < +\infty, -\infty < y < +\infty)$.

2. 随机点(X, Y)落在矩形域$[x_1 < x \leqslant x_2, y_1 < y \leqslant y_2]$的概率为_____.

3. (X, Y)的分布函数为 $F(x, y)$, 则 $F(-\infty, y) = $ _____.

4. (X, Y)的分布函数为 $F(x, y)$, 则 $F(x+0, y) = $ _____.

5. (X, Y)的分布函数为 $F(x, y)$, 则 $F(x, +\infty) = $

_____.

6. 设 X 和 Y 是两个随机变量，且 $P(X \geqslant 0, Y \geqslant 0) = \dfrac{3}{7}$，$P(X \geqslant 0) = P(Y \geqslant 0) = \dfrac{4}{7}$，求 $P(\max(X, Y) \geqslant 0)$ 的值.

7. 袋中有三个球，分别标着数字 1，2，2，从袋中任取一球，不放回，再取一球，设第一次取的球上标的数字为 X，第二次取的球上标的数字为 Y，求 (X, Y) 的联合分布律.

3.5　二维离散型随机变量

3.5.1　二维离散型随机变量的分布律

定义 3.14　若二维随机变量 (X, Y) 的全部可能取到的值为有限对或可列无穷多对时，则称 (X, Y) 为**二维离散型随机变量**.

显然，当且仅当 X 和 Y 都是离散型随机变量时，(X, Y) 为二维离散型随机变量.

定义 3.15　设二维离散型随机变量 (X, Y) 的所有可能取值为 $(x_i, y_j)(i, j = 1, 2, \cdots)$，并且

$$P\{X = x_i, Y = y_j\} = p_{ij}(i, j = 1, 2, \cdots), \qquad (3.5.1)$$

则称式 (3.5.1) 为二维离散型随机变量 (X, Y) 的**概率分布**，简称为**分布律**，也称为随机变量 X 与 Y 的**联合分布律**.

由概率的定义有，(X, Y) 的分布律满足下列性质：

(1) $p_{ij} \geqslant 0(i, j = 1, 2, \cdots)$；　　　　　　　　　　　　　(3.5.2)

(2) $\displaystyle\sum_i \sum_j p_{ij} = 1$.　　　　　　　　　　　　　　　　(3.5.3)

二维随机变量 (X, Y) 的分布律可以用如下的表格 (表 3.5.1) 来表示，称为**联合概率分布表**.

表 3.5.1　联合概率分布表

X ＼ Y	y_1	y_2	$\cdots$	y_j	$\cdots$
x_1	p_{11}	p_{12}	$\cdots$	p_{1j}	$\cdots$
x_2	p_{21}	p_{22}	$\cdots$	p_{2j}	$\cdots$
$\vdots$	$\vdots$	$\vdots$		$\vdots$	
x_i	p_{i1}	p_{i2}	$\cdots$	p_{ij}	$\cdots$
$\vdots$	$\vdots$	$\vdots$		$\vdots$	

例 3.5.1　在某车间上共有 10 台汽车，其中 4 台用国产配件制造，6 台用进口配件制造，调查人员从车间不放回地抽取两台，每次抽取一台. 定义随机变量

$$X=\begin{cases}0, & \text{第一次抽到的是国产配件,}\\ 1, & \text{第一次抽到的是进口配件,}\end{cases}$$

$$Y=\begin{cases}0, & \text{第二次抽到的是国产配件,}\\ 1, & \text{第二次抽到的是进口配件,}\end{cases}$$

求 (X,Y) 的分布律以及分布函数.

解　由于

$$P\{X=0,Y=0\}=P\{X=0\}P\{Y=0\mid X=0\}=\frac{4}{10}\times\frac{3}{9}=\frac{2}{15},$$

$$P\{X=0,Y=1\}=P\{X=0\}P\{Y=1\mid X=0\}=\frac{4}{10}\times\frac{6}{9}=\frac{4}{15},$$

$$P\{X=1,Y=0\}=P\{X=1\}P\{Y=0\mid X=1\}=\frac{6}{10}\times\frac{4}{9}=\frac{4}{15},$$

$$P\{X=1,Y=1\}=P\{X=1\}P\{Y=1\mid X=1\}=\frac{6}{10}\times\frac{5}{9}=\frac{5}{15},$$

所以, (X,Y) 的分布律为

表 3.5.2　(X,Y) 联合概率分布表

X＼Y	0	1
0	$\frac{2}{15}$	$\frac{4}{15}$
1	$\frac{4}{15}$	$\frac{5}{15}$

由分布函数的定义, 知 (X,Y) 的分布函数为

$$F(x,y)=\begin{cases}0, & x<0 \text{ 或 } y<0,\\ \frac{2}{15}, & 0\leqslant x<1,0\leqslant y<1,\\ \frac{6}{15}, & 0\leqslant x<1,y\geqslant 1 \text{ 或 } x\geqslant 1,0\leqslant y<1,\\ 1, & x\geqslant 1,y\geqslant 1.\end{cases}$$

3.5.2　二维离散型随机变量的边缘分布律

设二维随机变量 (X,Y) 联合分布律由式(3.5.1)给出, 下面我们讨论随机变量 X 和 Y 各自的分布律.

定义 3.16　对于固定的 $i(i=1,2,\cdots)$, 由于

$$P\{X=x_i\}=P\{X=x_i,Y<+\infty\}=P\left\{X=x_i,\bigcup_j(Y=y_j)\right\}$$

$$=P\left\{\bigcup_j(X=x_i,Y=y_j)\right\},$$

并且事件$\{X=x_i,Y=y_j\}(i,j=1,2,\cdots)$两两互不相容，所以

$$P\{X=x_i\}=P\left\{\bigcup_j(X=x_i,Y=y_j)\right\}=\sum_j P\{X=x_i,Y=y_j\}=\sum_j p_{ij}$$

记 $\displaystyle\sum_j p_{ij}=p_{i\bullet}$，则有

$$P\{X_i=x_i\}=p_{i\bullet}(i=1,2,\cdots). \qquad (3.5.4)$$

称式(3.5.4)为二维随机变量(X,Y)关于X的边缘分布律.

类似地，二维随机变量(X,Y)关于Y的边缘分布律为

$$P\{Y=y_j\}=\sum_i p_{ij}=p_{\bullet j}(j=1,2,\cdots). \qquad (3.5.5)$$

二维随机变量(X,Y)关于X和关于Y的边缘分布律也可以放在联合概率分布表中，形成如下的表格(表3.5.3)，仍称为联合概率分布表.

表 3.5.3　联合概率分布表

X \\ Y	y_1	y_2	$\cdots$	y_j	$\cdots$	$P\{X=x_i\}$
x_1	p_{11}	p_{12}	$\cdots$	p_{1j}	$\cdots$	$\sum_j p_{1j}$
x_2	p_{21}	p_{22}	$\cdots$	p_{2j}	$\cdots$	$\sum_j p_{2j}$
$\vdots$	$\vdots$	$\vdots$		$\vdots$		$\vdots$
x_i	p_{i1}	p_{i2}	$\cdots$	p_{ij}	$\cdots$	$\sum_j p_{ij}$
$\vdots$	$\vdots$	$\vdots$	$\vdots$	$\vdots$	$\vdots$	$\vdots$
$P\{Y=y_j\}$	$\sum_i p_{i1}$	$\sum_i p_{i2}$	$\cdots$	$\sum_i p_{ij}$	$\cdots$	1

例3.5.2　已知(X,Y)的分布律如下表:

表 3.5.4　(X,Y)的分布律表

X \\ Y	0	1
0	$\dfrac{1}{10}$	$\dfrac{3}{10}$
1	$\dfrac{3}{10}$	$\dfrac{3}{10}$

求(X,Y)关于X和关于Y的边缘分布律.

解　由题意

$$P\{X=0\}=P\{X=0,Y=0\}+P\{X=0,Y=1\}$$

$$=\frac{1}{10}+\frac{3}{10}=\frac{2}{5},$$

同理

$$P\{X=1\}=P\{X=1,Y=0\}+P\{X=1,Y=1\}=\frac{3}{10}+\frac{3}{10}=\frac{3}{5},$$

$$P\{Y=0\}=P\{X=0,Y=0\}+P\{X=1,Y=0\}=\frac{1}{10}+\frac{3}{10}=\frac{2}{5},$$

$$P\{Y=1\}=P\{X=0,Y=1\}+P\{X=1,Y=1\}=\frac{3}{10}+\frac{3}{10}=\frac{3}{5},$$

因此,关于 X 和关于 Y 的边缘分布律分别为

表 3.5.5　关于 X 和关于 Y 的边缘分布律表

X	0	1		Y	0	1
p	$\frac{2}{5}$	$\frac{3}{5}$		p	$\frac{2}{5}$	$\frac{3}{5}$

习题 3.5

1. 设随机变量 X 在 1,2,3,4 这四个整数中等可能地取值,另一个随机变量 Y 在 1 到 X 中等可能地取一整数值,试求 (X,Y) 的分布律.

2. 设 (X,Y) 相互独立且分别具有下列表格所定的分布律

X	-2	-1	0	$\frac{1}{2}$
P	$\frac{1}{4}$	$\frac{1}{3}$	$\frac{1}{12}$	$\frac{1}{3}$

Y	$-\frac{1}{2}$	1	3
P	$\frac{1}{2}$	$\frac{1}{4}$	$\frac{1}{4}$

试写出 (X,Y) 的联合分布律.

3. 三封信随机地投入编号为 1,2,3 的三个信箱中,设 X 为投入 1 号信箱的信数,Y 为投入 2 号信箱的信数,求 (X,Y) 的联合分布律.

4. 一口袋中有三个球,它们依次标有数字 1,2,2. 从这袋中任取一球后,不放回袋中,再从袋中任取一球. 设每次取球时,袋中各个球被取到的可能性相同. 以 X,Y 分别记第一次、第二次取得的球上标有的数字.

（1）求 (X,Y) 的分布律;

（2）求 $P(X\geqslant Y)$.

5. 设掷一枚骰子两次,得偶数点 2,4,6 的次数记为 X,得 3 点或 6 点的次数记为 Y,求二维随机变量 (X,Y) 的分布律.

6. 如果随机变量 (X,Y) 的联合概率分布为

X＼Y	1	2	3
1	$\frac{1}{6}$	$\frac{1}{9}$	$\frac{1}{18}$
2	$\frac{1}{3}$	α	β

则 α,β 应满足的条件是_____;若 X 与 Y 相互独立,则 $\alpha=$_____,$\beta=$_____.

3.6 **二维连续型随机变量及其分布**

3.6.1 **二维连续型随机变量**

将 (X,Y) 看成一个随机点的坐标,则离散型随机变量 X 和 Y 的联合分布函数为

$$F(x,y)=\sum_{x_i\leqslant x}\sum_{y_j\leqslant y}p_{ij}.$$

上述和式是对一切满足 $x_i\leqslant x$，$y_j\leqslant y$ 的 x_i，y_j 求和. 类似地，有如下定义：

定义 3.17 设二维随机变量 (X,Y) 的联合分布函数为 $F(x,y)$，如果存在非负的函数 $f(x,y)$ 使任意 x，y 有

$$F(x,y)=P(X\leqslant x,Y\leqslant y)=\int_{-\infty}^{x}\int_{-\infty}^{y}f(u,v)\mathrm{d}u\mathrm{d}v,$$

则称 (X,Y) 是**二维连续型随机变量**，函数 $f(x,y)$ 称为二维连续型随机变量 (X,Y) 的**概率密度**，或称为 X，Y 的**联合概率密度**.

二维连续型随机变量的概率密度 $f(x,y)$ 具有以下性质：

(1) $f(x,y)\geqslant 0$；　　　　　　　　　　　　　　　　　(3.6.1)

(2) $\int_{-\infty}^{+\infty}\int_{-\infty}^{+\infty}f(x,y)\mathrm{d}x\mathrm{d}y=1$；　　　　　　　　(3.6.2)

(3) $P\{(X,Y)\in D\}=\iint\limits_{D}f(x,y)\mathrm{d}x\mathrm{d}y$，其中 D 为 xOy 平面上任意一个区域；

(4) 若 $f(x,y)$ 在点 (x,y) 连续，则有 $\dfrac{\partial^2 F(x,y)}{\partial x\partial y}=f(x,y)$.

定义 3.18 设 (X,Y) 为二维随机变量，N 是平面上的一个有界区域，其面积为 $Q(Q>0)$，又设

$$f(x,y)=\begin{cases}\dfrac{1}{Q}, & \text{当}(x,y)\in N,\\ 0, & \text{当}(x,y)\notin N.\end{cases}$$

若 (X,Y) 的密度为上式定义的函数 $f(x,y)$，则称二维随机变量 (X,Y) 在 N 上服从**二维均匀分布**，且 $f(x,y)$ 满足概率密度的基本性质.

例 3.6.1 设二维随机变量 (X,Y) 的密度函数为

$$f(x,y)=\begin{cases}m\mathrm{e}^{-(2x+3y)}, & x>0,y>0,\\ 0 & \text{其他},\end{cases}$$

试求：(1) 常数 m；(2) 求 (X,Y) 的分布函数 $F(x,y)$；(3) 求 $P\{X\leqslant Y\}$.

解 (1) 由性质有

$$\int_{-\infty}^{+\infty}\int_{-\infty}^{+\infty}f(x,y)\mathrm{d}x\mathrm{d}y=\int_{0}^{+\infty}\int_{0}^{+\infty}m\mathrm{e}^{-(2x+3y)}\mathrm{d}x\mathrm{d}y=m\cdot\frac{1}{6}=1,$$

于是 $m=6$.

（2）$F(x,y)=\int_{-\infty}^{x}\int_{-\infty}^{y}f(u,v)\,\mathrm{d}u\mathrm{d}v$

$$=\begin{cases}\iint_{0}^{x}\int_{0}^{y}6e^{-(2u+3v)}\,\mathrm{d}u\mathrm{d}v,&x>0,y>0,\\0&\text{其他},\end{cases}$$

由此即得

$$F(x,y)=\begin{cases}(1-e^{-2x})(1-e^{-3y}),&x>0,y>0,\\0,&\text{其他}.\end{cases}$$

（3）$P(X<Y)=\iint_{D}f(x,y)\,\mathrm{d}x\mathrm{d}y=\iint_{x<y}f(x,y)\,\mathrm{d}x\mathrm{d}y$

$$=\int_{0}^{+\infty}\int_{0}^{y}6e^{-(2x+3y)}\,\mathrm{d}x\mathrm{d}y=\frac{2}{5}.$$

3.6.2　二维连续型随机变量的边缘概率密度

定义 3.19　设二维连续型随机变量 (X,Y) 的概率密度为 $f(x,y)$，则

$$f_X(x)=\int_{-\infty}^{+\infty}f(x,y)\,\mathrm{d}y, \tag{3.6.3}$$

称为 X 的边缘概率密度函数；

$$f_Y(y)=\int_{-\infty}^{+\infty}f(x,y)\,\mathrm{d}x, \tag{3.6.4}$$

称为 Y 的边缘概率密度函数.

例 3.6.2　设随机变量 X 和 Y 具有联合概率密度

$$f(x,y)=\begin{cases}6,&x^2\leqslant y\leqslant x,\\0,&\text{其他},\end{cases}$$

求边缘概率密度 $f_X(x)$，$f_Y(y)$.

解

$$f_X(x)=\int_{-\infty}^{\infty}f(x,y)\,\mathrm{d}y=\begin{cases}\int_{x^2}^{x}6\mathrm{d}y=6(x-x^2),&0\leqslant x\leqslant 1,\\0,&\text{其他}.\end{cases}$$

$$f_Y(x)=\int_{-\infty}^{\infty}f(x,y)\,\mathrm{d}x=\begin{cases}\int_{y}^{\sqrt{y}}6\mathrm{d}x=6(\sqrt{y}-y),&0\leqslant y\leqslant 1,\\0,&\text{其他}.\end{cases}$$

习题 3.6

1. 两台同样的自动记录仪，每台无故障工作时　间服从参数为 5 的指数分布，首先开动其中一台，当

期发生故障时停用而另一台自行开动，试求两台记录仪无故障工作的总时间 T 的概率密度函数 $f(x)$.

2. 随机变量 (X,Y) 的分布函数为 $F(x,y)=\begin{cases}1-3^{-x}-3^{-y}+3^{-x-y}, & x\geq 0,\ y\geq 0,\\ 0, & \text{其他},\end{cases}$ 求：

（1）边缘密度；（2）验证 X，Y 是否独立.

3. 一电子器件包含两部分，分别以 X，Y 记这两部分的寿命（单位为 h），设 (X,Y) 的分布函数为

$$F(x,y)=\begin{cases}1-e^{-0.01x}-e^{-0.01y}+e^{-0.01(x+y)}, & x\geq 0,\ y\geq 0\\ 0, & \text{其他}\end{cases}$$

（1）问 X 和 Y 是否相互独立？

（2）求 $P\{X>120,Y>120\}$.

4. 设某车间每名工人每月完成的产品数服从正态分布 $N(3000,50^2)$，按规定全车间有 3% 的工人可获超产奖，求获奖者每月至少要完成的产品数.

5. 设随机变量 (X,Y) 在矩形区域 $D=\{(x,y)\mid a<x<b,c<y<d\}$ 内服从均匀分布，

（1）求联合概率密度及边缘概率密度；

（2）问随机变量 X，Y 是否独立.

3.7　随机变量函数及其密度分布

若 $Y=g(X)$ 是随机变量 X 的函数，则 Y 也是一个随机变量. 例如某服装店甲牌卫衣的销售量是一个随机变量 X，销售该商品的利润 Y 也是随机变量，它是 X 的函数 $g(X)$，即 $Y=g(X)$. 再例如，射击员在射箭靶上的中心目标为原点 $(0,0)$，实际击中的点的坐标 (X,Y) 是二维随机变量.

本节主要讨论如何由已知的随机变量 X 的分布（X 的分布律或概率密度）求出随机变量的函数 $Y=g(X)$ 的分布（Y 的分布律或概率密度）.

3.7.1　一维随机变量的函数及其分布

因为随机变量 X 的函数 $Y=g(X)$ 也是一个随机变量，那么根据随机变量 X 的分布就可以计算出随机变量 Y 的分布. 下面我们分别按 X 为离散型和连续型两种不同情形给出 $Y=g(X)$ 的分布.（注意，一个随机变量，如果不是离散型的那一定是连续型的这种论断是错误的，本书主要讨论两类重要的随机变量的形式.）

（1）X 为离散型随机变量

设 X 是一个离散型随机变量，其分布律为

表 3.7.1　X 为离散型随机变量的分布律表

X	x_1	x_2	$\cdots$	x_i	$\cdots$
P	p_1	p_2	$\cdots$	p_i	$\cdots$

X 是一个离散型随机变量，则 Y 也是离散型随机变量，Y 的分布律为

表 3.7.2　Y 为离散型随机变量的分布律表

$Y=g(X)$	$g(x_1)$	$g(x_2)$	$\cdots$	$g(x_i)$	$\cdots$
$P(Y=g(x_i))$	p_1	p_2	$\cdots$	p_i	$\cdots$

若 Y 的取值 $g(x_i)$ 中有相等的，则需把这些相等的值合并，同时把对应的概率 p_i 相加，这样即可得到 $Y=g(X)$ 的分布律.

例 3.7.1　设 X 的分布律为

表 3.7.3　X 为离散型随机变量的分布表

X	-1	0	1	2
P	0.2	0.4	0.3	0.1

求：以下随机变量的分布律 1) $Y=2X+1$；2) $Y=(X-1)^2$.

解　根据 X 的分布律，有：

1) $Y=2X+1$ 的分布律为

Y	-1	1	3	5
P	0.2	0.4	0.3	0.1

2) $Y=(X-1)^2$ 的相对应的取值及其概率为

Y	4	1	0	1
P	0.2	0.4	0.3	0.1

将 Y 取值为 1 的概率相加：$P\{Y=1\}=0.4+0.1=0.5$，则 $Y=(X-1)^2$ 的分布律表为

Y	4	1	0
P	0.2	0.5	0.3

（2）X 为连续型随机变量

设 X 为连续型随机变量，其密度函数为 $f_X(x)$，则随机变量 X 的函数 $Y=g(X)$ 未必是连续型随机变量，这取决于 $g(x)$ 是否为连续函数. 下面我们讨论当 $g(x)$ 是已知连续函数的情况：先求 Y 的分布函数 $F_Y(y)$，再对分布函数 $F_Y(y)$ 求导，得 Y 的密度函数 $f_Y(y)=F'_Y(y)$.

因为 $g(x)$ 是连续型随机变量，所以 Y 是连续型随机变量，其分布函数为

$$F_Y(y)=P(Y\leqslant y)=P(g(X)\leqslant y)=P(X\in D_g)=\int_{D_g}f_X(x)\,\mathrm{d}x,$$

其中 $D_g=\{x\mid g(x)\leqslant y\}$ 是实数轴上的某个集合.

对求出的分布函数 $F_Y(y)$ 求导即为随机变量 Y 的密度函数 $f_Y(y)$:

$$F_Y'(y) = f_Y(y).$$

例 3.7.2 已知 X 的概率密度为

$$f_X(x) = \begin{cases} 4x, & 2<x<6, \\ 0, & \text{其他}, \end{cases}$$

求随机变量 $Y = 2X + 6$ 的概率密度.

解 已知 $2<x<6$,则有 $10<y<18$.

当 $y \in (10, 18)$ 时,随机变量 Y 的分布函数及概率密度为

$$F_Y(y) = P(Y \leqslant y) = P(2X+6 \leqslant y) = P\left(X \leqslant \frac{y-6}{2}\right) = F_X\left(\frac{y-6}{2}\right),$$

$$f_Y(y) = F_Y'(y) = \left[F_X\left(\frac{y-6}{2}\right)\right]' = F_X'\left(\frac{y-6}{2}\right)\left(\frac{y-6}{2}\right)' = f_X\left(\frac{y-6}{2}\right)\frac{1}{2} = y-6.$$

当 $y \leqslant 10$ 时, $F_Y(y) = P(Y \leqslant y) = 0$, $f_Y(y) = F_Y'(y) = 0$;

当 $y \geqslant 18$ 时, $F_Y(y) = P(Y \leqslant y) = 1$, $f_Y(y) = F_Y'(y) = 0$.

所以随机变量 Y 的概率密度为

$$f_Y(y) = \begin{cases} y-6, & 10<y<18, \\ 0, & \text{其他}. \end{cases}$$

例 3.7.3 设随机变量 X 服从正态分布 $N(0,1)$,试求随机变量的函数 $Y = X^2$ 的密度函数 $f_Y(y)$.

解 X 的密度函数为

$$f_X(x) = \frac{1}{\sqrt{2\pi}} e^{-\frac{x^2}{2}} (-\infty < x < +\infty),$$

因为 X 的取值为 $(-\infty, +\infty)$,所以 Y 的取值为 $[0, +\infty)$.

当 $y \geqslant 0$ 时, Y 的分布函数为

$$F_Y(y) = P(Y \leqslant y) = P(X^2 \leqslant y) = P(-\sqrt{y} \leqslant X \leqslant \sqrt{y})$$

$$= \Phi(\sqrt{y}) - \Phi(-\sqrt{y}) = 2\Phi(\sqrt{y}) - 1.$$

$$f_Y(y) = F_Y'(y) = 2f_X(\sqrt{y})\frac{1}{2\sqrt{y}} = \frac{1}{\sqrt{2\pi}} y^{-\frac{1}{2}} e^{-\frac{y}{2}}.$$

当 $y<0$ 时,有 $f_Y(y) = 0$.

于是 $Y = X^2$ 的密度函数为

$$f_Y(y) = \begin{cases} \dfrac{1}{\sqrt{2\pi}} y^{-\frac{1}{2}} e^{-\frac{y}{2}}, & y>0, \\ 0, & y \leqslant 0. \end{cases}$$

当 $y = g(x)$ 单调且有一阶连续导数,则有如下结论:

设连续型随机变量 X 的密度函数为 $f_X(x)$, $y = g(x)$ 严格单调

且有连续导数，则 $Y=g(X)$ 的密度函数为

$$f_Y(y)=f_X(g^{-1}(y))\,|\,(g^{-1}(y)')\,|.\qquad(3.7.1)$$

注　证明用求 Y 的密度函数 $f_Y(y)$ 的方法即可求出.

例 3.7.4　设随机变量 $X\sim N(\mu,\sigma^2)$，$Y=aX+b$，$a\neq0$，则 $Y\sim N(a\mu+b,a^2\sigma^2)$，特别当 $a=\dfrac{1}{\sigma}$，$b=-\dfrac{\mu}{\sigma}$ 时，$Y=aX+b\sim N(0,1)$，即 $\dfrac{x-\mu}{\sigma}\sim N(0,1)$.

证　已知 $Y=aX+b$ 单调且具有连续导数，所以 $g^{-1}(y)=\dfrac{y-b}{a}$，$(g^{-1}(y))'=\dfrac{1}{a}$. 由式(3.7.1)得

$$f_Y(y)=f_X(g^{-1}(y))\,|\,(g^{-1}(y)')\,|=\frac{1}{\sqrt{2\pi}\,\sigma}e^{-\frac{\left(\frac{y-b}{a}-\mu\right)^2}{2\sigma^2}}\left|\frac{1}{a}\right|$$

$$=\frac{1}{\sqrt{2\pi}\,|a|\,\sigma}e^{-\frac{(y-a\mu-b)^2}{2a^2\sigma^2}},\ (-\infty<y<+\infty)$$

所以 $Y\sim N(a\mu+b,a^2\sigma^2)$.

特别地当 $a=\dfrac{1}{\sigma}$，$b=-\dfrac{\mu}{\sigma}$ 时，$Y=aX+b\sim N(0,1)$，即 $\dfrac{x-\mu}{\sigma}\sim N(0,1)$. 这个例子说明服从正态分布的随机变量的线性函数仍服从正态分布.

我们讨论的是 $y=g(x)$ 为连续函数的情形，但是有时我们还会碰见 $y=g(x)$ 不连续的情形，此时 $Y=g(X)$ 不是连续型随机变量，那么，Y 的分布该怎么求？看下面的例子.

例 3.7.5　设随机变量 $X\sim U(-1,9)$，$g(x)=\begin{cases}-1,&x<1,\\1,&x=1,\\2,&1<x\leqslant6,\\3,&x>6,\end{cases}$ 求 $Y=g(X)$ 的概率分布.

解　$X\sim U(-1,9)$，其概率密度为 $f(x)=\begin{cases}1/10,&-1<x<9,\\0,&\text{其他}.\end{cases}$

$y=g(x)$ 不是连续函数，所以，Y 也不是连续型随机变量，由 $g(x)$ 的定义，可以看出 Y 是离散型随机变量，取值为 -1，1，2，3.

$$P(Y=-1)=P(X<1)=\int_{-\infty}^{1}f(x)\,\mathrm{d}x=\int_{-1}^{1}\frac{1}{10}\mathrm{d}x=0.2.$$

$$P(Y=1)=P(X=1)=0.$$

$$P(Y=2) = P(1<X \leqslant 6) = \int_1^6 f(x)\,\mathrm{d}x = \int_1^6 \frac{1}{10}\mathrm{d}x = 0.5.$$

$$P(Y=3) = P(X>6) = \int_6^{+\infty} f(x)\,\mathrm{d}x = \int_6^9 \frac{1}{10}\mathrm{d}x = 0.3.$$

所以 $Y=g(X)$ 的分布律为

Y	-1	2	3
P	0.2	0.5	0.3

3.7.2　二维随机变量的函数的分布

已知随机变量 X 的分布,我们讨论了 X 的函数 $Y=g(X)$ 的分布,类似地,这节讨论多维随机变量的函数的分布. 对于多维随机变量的函数的分布,我们只介绍其一些特殊函数的分布. 例如,设 (X,Y) 为二维随机变量, $g(x,y)$ 为二元函数,那么 $Z=g(x,y)$ 是一维随机变量, Z 的分布可由 (X,Y) 的分布求出.

(1) (X,Y) 为二维离散型随机变量

设 (X,Y) 为二维离散型随机变量,其分布律为

$$p_{ij} = P(X=x_i, Y=y_j)\,(i,j=1,2,\cdots),$$

$Z=g(x,y)$ 是二维随机变量 (X,Y) 的函数,则随机变量 Z 的分布律为

$$P(Z=z_k) = P\{g(X,Y)=z_k\} = \sum_{z_k} g(x_i,y_j)p_{ij}, k=1,2,\cdots.$$

当取相同 $g(x_i,y_j)$ 值时对应的那些概率要合并相加;若 (X,Y) 可能取值为有限个值时,则可以把 (X,Y) 的取值和 $Z=g(X,Y)$ 的相对应的取值及概率列在一个表里,合并整理求 Z 的分布律.

例 3.7.6　设 (X,Y) 的联合分布律为

Y ＼ X	-1	0	1
0	0.3	0	0.3
1	0.1	0.2	0.1

求:(1) $X+Y$ 的分布律;(2) $X-Y$ 的分布律.

解　把 (X,Y) 的取值与 $X+Y$、$X-Y$ 分别相对应取值及概率一起列表:

P	0.3	0.1	0	0.2	0.3	0.1
(X,Y)	$(-1,0)$	$(-1,1)$	$(0,0)$	$(0,1)$	$(1,0)$	$(1,1)$
$X+Y$	-1	0	0	1	1	2
$X-Y$	-1	-2	0	-1	1	0

从而得到:

（1）$X+Y$ 的分布律为

$X+Y$	-1	0	1	2
概率	0.3	0.1	0.5	0.1

（2）$X-Y$ 的分布律为

$X-Y$	-2	-1	0	1
P	0.1	0.5	0.1	0.3

例 3.7.7　设随机变量 X，Y 相互独立，且 $X \sim P(\lambda_1)$，$Y \sim P(\lambda_2)$. 证明：$X+Y$ 服从 $P(\lambda_1+\lambda_2)$.

证　$X+Y$ 可能取的值为 0，1，2，….

$$
\begin{aligned}
P(X+Y=i) &= P(X=0,Y=i)+P(X=1,Y=i-1)+\cdots+P(X=i,Y=0) \\
&= P(X=0)P(Y=i)+P(X=1)P(Y=i-1)+\cdots+ \\
&\quad P(X=i)P(Y=0) \\
&= e^{-\lambda_1}\frac{\lambda_2^i e^{-\lambda_2}}{i!}+\lambda_1 e^{-\lambda_1}\frac{\lambda_2^{i-1}e^{-\lambda_2}}{(i-1)!}+\cdots+\frac{\lambda_1^i e^{-\lambda}}{i!}e^{-\lambda_2} \\
&= \frac{e^{-(\lambda_1+\lambda_2)}}{i!}\lambda_2^i+C_i^1\lambda_2^{i-1}\lambda_1+C_i^2\lambda_2^{i-2}\lambda_1^2+\cdots+C_i^{i-1}\lambda_2\lambda_1^{i-1}+\lambda_1^i \\
&= \frac{e^{-(\lambda_1+\lambda_2)}}{i!}(\lambda_1+\lambda_2)^i \qquad (i=1,2,\cdots)
\end{aligned}
$$

即 $X+Y$ 服从 $P(\lambda_1+\lambda_2)$.

上例表明**泊松分布具有可加性**.

例 3.7.8　设相互独立的两个随机变量 X，Y 具有同一分布律，且 X 的分布律为

X，Y	0	1
P	$\dfrac{1}{2}$	$\dfrac{1}{2}$

试求随机变量 $Z=\max(X,Y)$ 的分布律.

解　随机变量 Z 可能取的值为 0，1，而

$$
\begin{aligned}
P(Z=0) &= P(\max(X,Y)=0)=P(X=0,Y=0)=P(X=0)\,P(Y=0) \\
&= \frac{1}{2}\times\frac{1}{2}=\frac{1}{4}.
\end{aligned}
$$

$$
\begin{aligned}
P(Z=1) &= P(\max(X,Y)=1) \\
&= P(X=1,Y=0)+P(X=0,Y=1)+P(X=1,Y=1) \\
&= P(X=1)P(Y=0)+P(X=0)P(Y=1)+P(X=1)P(Y=1) \\
&= \frac{1}{2}\times\frac{1}{2}+\frac{1}{2}\times\frac{1}{2}+\frac{1}{2}\times\frac{1}{2}=\frac{3}{4}.
\end{aligned}
$$

当然，事件$\{Z=1\}$的概率也可通过$P(Z=1)=1-P(Z=0)=1-\dfrac{1}{4}=\dfrac{3}{4}$得到.

因此，Z的分布律为

Z	0	1
P	$\dfrac{1}{4}$	$\dfrac{3}{4}$

（2）(X,Y)为二维连续型随机变量

二维连续型随机变量(X,Y)的联合密度函数为$f(x,y)$，$g(x,y)$是已知的连续函数，$Z=g(X,Y)$是随机变量(X,Y)的函数. 类似一维连续型随机变量的函数的分布的求法，可通过求Z的分布函数$F_Z(z)$得到Z的密度函数$f_Z(z)$.

$F_Z(z)=P(Z\leqslant z)=P(g(X,Y)\leqslant z)=P((X,Y)\in D_z)=\iint\limits_{D_z}f(x,y)\,\mathrm{d}x\mathrm{d}y$，其中区域$D_z=\{(x,y)\mid g(x,y)\leqslant z\}$，因此$Z$的密度函数为$f_Z(z)=F_Z'(z)$.

理论上对函数$g(x,y)$的任何形式都可求随机变量$Z=g(X,Y)$的密度函数，但不同题目对读者的计算要求不同，本节我们就几个具体的函数进行讨论.

（1）$Z=X+Y$的分布函数

$$F_z(z)=P(Z\leqslant z)=P(X+Y\leqslant z)=\iint\limits_{x+y\leqslant z}f(x,y)\,\mathrm{d}x\mathrm{d}y,$$

将其化成二次积分（见图3.7.1）

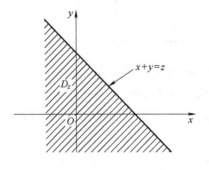

图3.7.1　积分区域示意

$$F_Z(z)=\int_{-\infty}^{+\infty}\left[\int_{-\infty}^{z-x}f(x,y)\,\mathrm{d}y\right]\mathrm{d}x,$$

做变量代换$y=u-x$，得

$$\int_{-\infty}^{z-x} f(x,y)\,\mathrm{d}y = \int_{-\infty}^{z} f(x,u-x)\,\mathrm{d}u,$$

于是，

$$F_Z(z) = \int_{-\infty}^{+\infty} \left[\int_{-\infty}^{z} f(x,u-x)\,\mathrm{d}u \right] \mathrm{d}x = \int_{-\infty}^{z} \left[\int_{-\infty}^{+\infty} f(x,u-x)\,\mathrm{d}x \right] \mathrm{d}u,$$

因此，由概率密度的定义可以得到随机变量 Z 的概率密度为

$$f_Z(z) = \int_{-\infty}^{+\infty} f(x,z-x)\,\mathrm{d}x.$$

同理可得

$$f_Z(z) = \int_{-\infty}^{+\infty} f(z-y,y)\,\mathrm{d}y.$$

若 X，Y 相互独立，设 $f_X(x)$ 和 $f_Y(y)$ 分别是二维随机变量 (X,Y) 关于 X 和关于 Y 边缘的概率密度，于是有

$$f_Z(z) = \int_{-\infty}^{+\infty} f_X(x) f_Y(z-x)\,\mathrm{d}x.$$

$$f_Z(z) = \int_{-\infty}^{+\infty} f_X(z-y) f_Y(y)\,\mathrm{d}y.$$

称上面两个公式为**卷积公式**，记作 $f_X * f_Y$，即

$$f_Z(z) = f_X * f_Y = \int_{-\infty}^{+\infty} f_X(x) f_Y(z-x)\,\mathrm{d}x = \int_{-\infty}^{+\infty} f_X(z-y) f_Y(y)\,\mathrm{d}y.$$

例 3.7.9　设 X，Y 相互独立且它们的密度函数依次为

$$f_X(x) = \frac{1}{\sqrt{2\pi}} \mathrm{e}^{-\frac{x^2}{2}}, \quad f_Y(y) = \frac{1}{\sqrt{2\pi}} \mathrm{e}^{-\frac{y^2}{2}}.$$

求 $X+Y$ 的密度函数.

解　由卷积公式得到 Z 的概率密度，

$$f_Z(z) = \frac{1}{2\pi} \int_{-\infty}^{+\infty} \mathrm{e}^{-\frac{x^2}{2}} \mathrm{e}^{-\frac{(z-x)^2}{2}}\,\mathrm{d}x$$

$$= \frac{1}{2\pi} \mathrm{e}^{-\frac{z^2}{4}} \int_{-\infty}^{+\infty} \mathrm{e}^{-\left(x-\frac{z}{2}\right)^2}\,\mathrm{d}x,$$

令 $t = x - \dfrac{z}{2}$，得

$$f_Z(z) = \frac{1}{2\pi} \mathrm{e}^{-\frac{z^2}{4}} \int_{-\infty}^{+\infty} \mathrm{e}^{-t^2}\,\mathrm{d}t = \frac{1}{2\pi} \mathrm{e}^{-\frac{z^2}{4}} \sqrt{\pi}$$

$$= \frac{1}{\sqrt{2\pi}\sqrt{2}} \mathrm{e}^{-\frac{z^2}{2(\sqrt{2})^2}}, \quad -\infty < z < +\infty$$

因此，$X+Y$ 的分布密度为

$$f_Z(z) = \frac{1}{\sqrt{2\pi}\sqrt{2}} \mathrm{e}^{-\frac{z^2}{2 \cdot (\sqrt{2})^2}}, \quad -\infty < z < +\infty ,$$

即 $X+Y \sim N(0,2)$.

同样的方法可以证明:设随机变量 X 与 Y 相互独立,且 $X \sim N(\mu_1, \sigma_1^2)$, $Y \sim N(\mu_2, \sigma_2^2)$, 则 $X+Y \sim N(\mu_1+\mu_2, \sigma_1^2+\sigma_2^2)$. 利用数学归纳法,还可以证明有限个相互独立的正态随机变量的线性组合仍服从正态分布.

(2) $Z = \max(X,Y)$ 的分布函数

$$F_Z(z) = P(Z \leqslant z) = P(X \leqslant z, Y \leqslant z) = \int_{-\infty}^{z} \int_{-\infty}^{z} f(x,y) \mathrm{d}x\mathrm{d}y,$$

特别地,当随机变量 X, Y 相互独立时,有

$$F_Z(z) = \int_{-\infty}^{z} f_X(x)\mathrm{d}x \int_{-\infty}^{z} f_Y(y)\mathrm{d}y.$$

Z 的密度函数为

$$f_Z(z) = F_Z'(z) = f_X(z)\int_{-\infty}^{z} f_Y(y)\mathrm{d}y + f_Y(z)\int_{-\infty}^{z} f_X(x)\mathrm{d}x. \quad (3.7.2)$$

(3) $Z = \min(X,Y)$ 的分布函数

$$F_Z(z) = P(Z \leqslant z) = 1 - P(Z>z) = 1 - P(X>z, Y>z) = 1 - \int_{z}^{+\infty} \int_{z}^{+\infty} f(x,y)\mathrm{d}x\mathrm{d}y,$$

特别地,当随机变量 X, Y 相互独立时,有

$$F_Z(z) = 1 - \int_{z}^{+\infty} f_X(x)\mathrm{d}x \int_{z}^{+\infty} f_Y(y)\mathrm{d}y.$$

Z 的密度函数为

$$f_Z(z) = F_Z'(z) = f_X(z)\int_{z}^{+\infty} f_Y(y)\mathrm{d}y + f_Y(z)\int_{z}^{+\infty} f_X(x)\mathrm{d}x. \quad (3.7.3)$$

例 3.7.10   设随机变量 X 与 Y 相互独立,均服从 (a,b) 区间上的均匀分布,求 $M=\max(X,Y)$, $N=\min(X,Y)$ 的分布函数.

解   根据题意, X 与 Y 相互独立,其密度函数为

$$f_X(x) = \begin{cases} \dfrac{1}{b-a}, & a<x<b, \\ 0, & \text{其他}, \end{cases} f_Y(y) = \begin{cases} \dfrac{1}{b-a}, & a<x<b, \\ 0, & \text{其他}. \end{cases}$$

由式(3.7.2)和式(3.7.3),分别求 M 和 N 的密度函数为

$$f_M(z) = f_X(z)\int_{-\infty}^{z} f_Y(y)\mathrm{d}y + f_Y(z)\int_{-\infty}^{z} f_X(x)\mathrm{d}x$$

$$= \begin{cases} \dfrac{1}{b-a}\int_{a}^{z} \dfrac{1}{b-a}\mathrm{d}y + \dfrac{1}{b-a}\int_{a}^{z} \dfrac{1}{b-a}\mathrm{d}x, & a<z<b, \\ 0, & \text{其他} \end{cases}$$

$$= \begin{cases} \dfrac{2(z-a)}{(b-a)^2}, & a<z<b, \\ 0, & \text{其他}, \end{cases}$$

$$f_N(z) = f_X(z)\int_{z}^{+\infty} f_Y(y)\mathrm{d}y + f_Y(z)\int_{z}^{+\infty} f_X(x)\mathrm{d}x$$

$$
=\begin{cases} \dfrac{1}{b-a}\displaystyle\int_z^b \dfrac{1}{b-a}\mathrm{d}y + \dfrac{1}{b-a}\displaystyle\int_z^b \dfrac{1}{b-a}\mathrm{d}x, & a<z<b, \\ 0, & \text{其他} \end{cases}
$$

$$
=\begin{cases} \dfrac{2(b-z)}{(b-a)^2}, & a<z<b, \\ 0, & \text{其他}. \end{cases}
$$

例 3.7.11　设二维随机变量 (X,Y) 的联合分布律为

X \ Y	0	1	2
1	0.1	0.2	0.1
3	0.3	0.1	0.2

求 $M=\max(X,Y)$，$N=\min(X,Y)$ 的分布律.

解　随机变量 Z 的可能值为 1，2，3，有

$P(Z=1)=P(\max(X,Y)=1)=P(X=1,Y=0)+P(X=1,Y=1)$
　　　　$=0.1+0.2=0.3,$

$P(Z=2)=P(\max(X,Y)=2)=P(X=1,Y=2)=0.1,$

$P(Z=3)=P(\max(X,Y)=3)=P(X=3,Y=0)+P(X=3,Y=1)+$
　　　　　$P(X=3,Y=2)$
　　　　　$=0.3+0.1+0.2=0.6.$

习题 3.7

1. 设两个相互独立的随机变量 X 和 Y 服从正态分布 $N(0,1)$ 和 $N(1,1)$，则（　　）.

A. $P(X+Y\leqslant 0)=\dfrac{1}{2}$　　B. $P(X+Y\leqslant 1)=\dfrac{1}{2}$

C. $P(X-Y\leqslant 0)=\dfrac{1}{2}$　　D. $P(X-Y\leqslant 1)=\dfrac{1}{2}$

2. 设随机变量 X 的密度函数为 $f(x)=\dfrac{1}{\pi(1+x^2)}$，$-\infty<x<+\infty$，定义 X 的函数

$$
Y=\begin{cases} -1, & X\leqslant -1, \\ 0, & -1<X<1, \\ 1, & X\geqslant 1, \end{cases}
$$

求 Y 的分布律.

3. 设随机变量 X 和 Y 相互独立，且服从参数为 1 的指数分布，求 $V=\min\{X,Y\}$ 的概率密度.

4. 设二维随机变量 (X,Y) 的概率密度为

$$
f(x,y)=\begin{cases} 2-x-y, & 0<x<1,0<y<1, \\ 0, & \text{其他}, \end{cases}
$$

(1) 求 $P(X>2Y)$ (2) 求 $Z=X+Y$ 的概率密度.

5. 设连续型随机变量 X 的分布函数 $F(x)$ 严格单调增加，证明

$$
Y=F(X)\sim U(0,1).
$$

总习题 3

1. 一口袋中有 6 个球,在这 6 个球上分别标有 -3,-3,1,1,1,2 这样的数字,从袋中任取一球,设各个球被取到的可能性相同,求取得的球上标明的数字 X 的分布律与分布函数.

2. 一袋中有 5 个乒乓球,编号分别为 1,2,3,4,5,从中随机地取 3 个,以 X 表示取出的 3 个球中的最大号码,写出 X 的分布律和分布函数.

3. 在相同条件下独立地进行 5 次射击,每次射击时击中目标的概率为 0.6,求击中目标的次数 X 的分布律.

4. 从一批含有 10 件正品及 3 件次品的产品中一件一件地抽取,设每次抽取时各件产品被抽到的可能性相等. 在下列三种情形下,分别求出直到取得正品为止所需次数 X 的分布律:

(1) 每次取出的产品立即放回这批产品中再取下一件产品;

(2) 每次取出的产品都不放回这批产品中;

(3) 每次取出一件产品后总是放回一件正品.

5. 设随机变量 $X \sim B(6,p)$,已知 $P(X=1) = P(X=5)$,求 p 与 $P(X=2)$ 的值.

6. 掷一枚均匀的硬币 4 次,设随机变量 X 表示出现反面的次数,求 X 的分布列.

7. 某商店出售某种物品,根据以往的经验,每月销售量 X 服从参数 $\lambda = 4$ 的泊松分布,问在月初进货时,要进多少才能以 99% 的概率充分满足顾客的需要?

8. 有一汽车站有大量汽车通过,每辆汽车在一天某时间段出事故的概率为 0.0001,在某天该段时间内有 1000 辆汽车通过. 求事故次数不少于 2 的概率.

9. 某试验的成功概率为 0.75,失败概率为 0.25,若以 X 表示试验者获得首次成功所进行的试验次数,写出 X 的分布律.

10. 设随机变量 X 的密度函数为 $(x) = \begin{cases} 2x, & 0<x<A, \\ 0, & \text{其他,} \end{cases}$ 试求:(1) 常数 A;(2) X 的分布函数.

11. 设随机变量 X 的密度函数为 $f(x) = Ae^{-|x|}$,$-\infty < x < +\infty$,求:(1) 系数 A;(2) $P(0<X<1)$;(3) X 的分布函数.

12. 证明:函数 $F(x) = \begin{cases} \dfrac{x}{c} e^{-\frac{x^2}{2c}}, & x \geq 0, \\ 0, & x < 0, \end{cases}$ (c 为正的常数)为某个随机变量 X 的密度函数.

13. 设 X 的分布律为

X	-2	-0.5	0	2	4
P	$\dfrac{1}{8}$	$\dfrac{1}{4}$	$\dfrac{1}{8}$	$\dfrac{1}{6}$	$\dfrac{1}{3}$

求出:以下随机变量的分布律(1) $X+2$;(2) $-X+1$;(3) X^2.

14. 设随机变量 X 服从参数 $\lambda = 1$ 的泊松分布,记随机变量 $Y = \begin{cases} 0, & x \leq 1, \\ 1, & x > 1, \end{cases}$ 试求随机变量 Y 的分布律.

15. 设 X 的密度函数为 $f(x) = \begin{cases} 2x, & 0<x<1, \\ 0, & \text{其他,} \end{cases}$ 求以下随机变量的密度函数:(1) $2X$;(2) $-X+1$;(3) X^2.

16. 对圆片直径进行测量,测量值 X 服从 $(5,6)$ 上的均匀分布,求圆面积 Y 的概率密度.

17. 设随机变量 X 服从正态分布 $N(0,1)$,试求随机变量的函数 $Y = X^2$ 的密度函数 $f_Y(y)$.

18. 设随机变量 X 服从参数 $\lambda = 1$ 的指数分布,求随机变量的函数 $Y = e^X$ 的密度函数 $f_Y(y)$.

第4章

随机变量的数字特征

在前面两章中我们讨论了随机变量的概率分布，这是关于随机变量统计规律的一种完整描述，然而在实际问题中，确定一个随机变量的分布往往不是一件容易的事，况且许多问题并不需要考虑随机变量的全面情况，只需知道它的某些特征数值. 例如，在测量某种零件的长度时，测得的长度是一个随机变量，它有自己的分布，但是人们关心的往往是这些零件的平均长度以及测量结果的精确程度；再如，检查一批棉花的质量，既要考虑棉花纤维的平均长度，又要考虑纤维长度与平均长度的偏离程度，平均长度越大，偏离程度越小，质量越好. 这些与随机变量有关的数值，我们称之为随机变量的数字特征，在概率论与数理统计中起着重要的作用. 本章主要介绍随机变量的数学期望、方差、矩以及两个随机变量的协方差和相关系数.

4.1 期望的定义与性质

4.1.1 数学期望的概念

在实际问题中，我们常常需要知道某一随机变量的平均值，怎样合理地规定随机变量的平均值呢？先看下面的一个实例.

例 4.1.1 设有一批钢筋共 10 根，它们的抗拉强度指标为 110，135，140 的各有一根；120 和 130 的各有两根；125 的有三根. 显然它们的平均抗拉强度指标绝对不是 10 根钢筋所取到的 6 个不同抗拉强度：110，120，125，130，135，140 的算术平均，而是以取这些值的次数与试验总次数的比值(取到这些值的频率)为权重的加权平均，即

$$平均抗拉强度 = (110+120\times2+125\times3+130\times2+135+140)\times\frac{1}{10}$$

$$= 110 \times \frac{1}{10} + 120 \times \frac{2}{10} + 125 \times \frac{3}{10} + 130 \times \frac{2}{10} + 135 \times \frac{1}{10} +$$

$$140 \times \frac{1}{10}$$

$$= 126.$$

从上例可以看出，对于一个离散型随机变量 X，其可能取值为 x_1，x_2，$\cdots$，x_n，如果将这 n 个值相加后除 n 作为"均值"是不对的. 因为 X 取各个值的频率是不同的，对频率大的取值，该值出现的机会就大，也就是在计算取值的平均时其权数大. 如果用概率替换频率，用取值的概率作为一种"权数"做加权计算平均值是十分合理的.

经以上分析，我们可以给出离散型随机变量数学期望的一般定义.

（1）离散型随机变量的数学期望

定义 4.1   设 X 为一离散型随机变量，其分布律为 $P\{X = x_k\} = p_k(k = 1, 2, \cdots)$，若级数 $\sum\limits_{k=1}^{\infty} x_k p_k$ 绝对收敛，则称此级数之和为随机变量 X 的**数学期望**，简称**期望**或**均值**. 记为 $E(X)$，即

$$E(X) = \sum_{k=1}^{\infty} x_k p_k. \tag{4.1.1}$$

例 4.1.2   某人从 n 把钥匙中任取一把去试房门，打不开则放到一边，另取一把再试直至房门打开. 已知钥匙中只有一把能够把房门打开，求试开次数的数学期望.

解   设试开次数为 X，则分布律为

$$P\{X = k\} = \frac{1}{n}, k = 1, 2, \cdots, n,$$

从而

$$E(X) = \sum_{k=1}^{n} k \cdot \frac{1}{n} = \frac{1}{n} \cdot \frac{n(n+1)}{2} = \frac{n+1}{2}.$$

例 4.1.3   设随机变量 $X \sim B(n, p)$，求 $E(X)$.

解   因为 $p_k = P\{X = k\} = C_n^k p^k (1-p)^{n-k} (k = 0, 1, \cdots, n)$，

$$E(X) = \sum_{k=0}^{n} k p_k = \sum_{k=1}^{n} k \, C_n^k p^k (1-p)^{n-k}$$

$$= \sum_{k=1}^{n} \frac{n!}{(k-1)!\,(n-k)!} p^k (1-p)^{n-k}$$

$$= np \sum_{k=1}^{n} \frac{(n-1)!}{(k-1)![n-1-(k-1)]!} p^{k-1} (1-p)^{n-1-(k-1)}$$

$$= np[p + (1-p)]^{n-1} = np.$$

例 4.1.4　设随机变量 $X \sim P(\lambda)$，求 $E(X)$.

　　解　因为 $X \sim P(\lambda)$，有

$$P\{X=k\} = \frac{\lambda^k}{k!} \mathrm{e}^{-\lambda} (k=0,1,2,\cdots),$$

因此

$$E(X) = \sum_{k=0}^{\infty} k \frac{\lambda^k}{k!} \mathrm{e}^{-\lambda} = \lambda \mathrm{e}^{-\lambda} \sum_{k=1}^{\infty} \frac{\lambda^{k-1}}{(k-1)!} = \lambda \mathrm{e}^{-\lambda} \cdot \mathrm{e}^{\lambda} = \lambda.$$

　　我们可以类似地给出连续型随机变量数学期望的定义，只要把分布律中的概率 p_k 改为概率密度 $f(x)$，将求和改为求积分即可. 因此，我们有下面的定义.

　　（2）连续型随机变量的数学期望

定义 4.2　设 X 为一连续型随机变量，其概率密度为 $f(x)$，若广义积分 $\displaystyle\int_{-\infty}^{+\infty} xf(x)\mathrm{d}x$ 绝对收敛，则称广义积分 $\displaystyle\int_{-\infty}^{+\infty} xf(x)\mathrm{d}x$ 的值为连续型随机变量 X 的**数学期望**或**均值**，记为 $E(X)$，即

$$E(X) = \int_{-\infty}^{+\infty} xf(x)\mathrm{d}x. \tag{4.1.2}$$

例 4.1.5　设随机变量 X 的概率密度为

$$f(x) = \begin{cases} 2x, & 0<x<1, \\ 0, & \text{其他}, \end{cases}$$

求 $E(X)$.

　　解　依题意，得

$$E(X) = \int_{-\infty}^{+\infty} xf(x)\mathrm{d}x = \int_0^1 x \cdot 2x\mathrm{d}x = \frac{2}{3}.$$

例 4.1.6　设随机变量 X 服从区间 (a,b) 上的均匀分布，求 $E(X)$.

　　解　依题意，X 的概率密度为

$$f(x) = \begin{cases} \dfrac{1}{b-a}, & a<x<b, \\ 0, & \text{其他}, \end{cases}$$

因此

$$E(X) = \int_{-\infty}^{+\infty} xf(x)\mathrm{d}x = \int_a^b x \cdot \frac{1}{b-a}\mathrm{d}x = \frac{a+b}{2}.$$

例 4.1.7　设随机变量 X 服从 λ 为参数的指数分布,求 $E(X)$.

解　依题意,X 的概率密度为

$$f(x)=\begin{cases}\lambda \mathrm{e}^{-\lambda x}, & x>0,\\0, & x\leqslant 0,\end{cases}$$

因此

$$E(X)=\int_{-\infty}^{+\infty}xf(x)\,\mathrm{d}x=\int_{0}^{+\infty}x\cdot\lambda \mathrm{e}^{-\lambda x}\mathrm{d}x=\frac{1}{\lambda}.$$

例 4.1.8　设随机变量 X 服从正态分布 $N(\mu,\sigma^2)$,求 $E(X)$.

解　由于 $f(x)=\dfrac{1}{\sqrt{2\pi}\sigma}\mathrm{e}^{-\frac{(x-\mu)^2}{2\sigma^2}}$ ($-\infty<x<+\infty$)

因此

$$E(X)=\int_{-\infty}^{+\infty}xf(x)\,\mathrm{d}x=\int_{-\infty}^{+\infty}x\frac{1}{\sqrt{2\pi}\sigma}\mathrm{e}^{-\frac{(x-\mu)^2}{2\sigma^2}}\mathrm{d}x$$

$$\left(\diamondsuit\ t=\frac{x-\mu}{\sigma}\right)=\frac{1}{\sqrt{2\pi}}\int_{-\infty}^{+\infty}(\sigma t+\mu)\,\mathrm{e}^{-\frac{t^2}{2}}\mathrm{d}t$$

$$=\frac{\mu}{\sqrt{2\pi}}\int_{-\infty}^{+\infty}\mathrm{e}^{-\frac{t^2}{2}}\mathrm{d}t=\mu.$$

例 4.1.9　已知二维随机变量 (X,Y) 的概率密度为

$$f(x,y)=\begin{cases}12\mathrm{e}^{-(3x+4y)}, & x>0,y>0,\\0, & 其他,\end{cases}$$

求 $E(X)$.

解　由边缘概率密度的定义,关于 X 的边缘概率密度为

$$f_X(x)=\begin{cases}3\mathrm{e}^{-3x}, & x>0,\\0, & x\leqslant 0,\end{cases}$$

即 $X\sim E(3)$,因此

$$E(X)=\frac{1}{3}.$$

4.1.2　随机变量函数的数学期望

定理 4.1　设随机变量 Y 是随机变量 X 的函数,$Y=g(X)$(其中 g 为一元连续函数).

(1) X 是离散型随机变量,概率分布律为

$$P\{X=x_k\}=p_k,\qquad k=1,2,\cdots,$$

则当无穷级数 $\displaystyle\sum_{k=1}^{\infty}g(x_k)p_k$ 绝对收敛时,则随机变量 Y 的数学期

望为

$$E(Y) = E[g(X)] = \sum_{k=1}^{\infty} g(x_k) p_k. \qquad (4.1.3)$$

（2）X 是连续型随机变量，其概率密度为 $f(x)$，则当广义积分 $\int_{-\infty}^{+\infty} g(x)f(x)\mathrm{d}x$ 绝对收敛时，则随机变量 Y 的数学期望为

$$E(Y) = E[g(X)] = \int_{-\infty}^{+\infty} g(x)f(x)\mathrm{d}x. \qquad (4.1.4)$$

这一定理的重要意义在于，求随机变量 $Y=g(X)$ 的数学期望时，只需利用 X 的分布律或概率密度就可以了，无需求 Y 的分布，这给我们计算随机变量函数的数学期望提供了极大的方便.

定理的证明超出了本书的范围，下面我们仅就连续型随机变量，且 $Y=g(X)$ 单调的情形给出证明.

证明　由公式 3.7.1 给出了随机变量 Y 的概率密度

$$f_Y(y) = \begin{cases} f_X[h(y)] \, |h'(y)|, & \alpha < y < \beta, \\ 0, & \text{其他}. \end{cases}$$

其中 $f_X(x)$ 为随机变量 X 概率密度，函数 $y=g(x)$ 是处处可导的严格单调函数，它的反函数为 $x=h(y)$，则有

$$E(Y) = \int_{-\infty}^{+\infty} y f_Y(y)\mathrm{d}y = \int_{\alpha}^{\beta} y f_X[h(y)] \, |h'(y)| \, \mathrm{d}y.$$

当 $h'(y) > 0$ 时

$$E(Y) = \int_{\alpha}^{\beta} y f_X[h(y)] h'(y)\mathrm{d}y = \int_{-\infty}^{+\infty} g(x) f_X(x)\mathrm{d}x,$$

当 $h'(y) < 0$ 时

$$E(Y) = -\int_{\alpha}^{\beta} y f_X[h(y)] h'(y)\mathrm{d}y = -\int_{+\infty}^{-\infty} g(x) f_X(x)\mathrm{d}x$$

$$= \int_{-\infty}^{+\infty} g(x) f_X(x)\mathrm{d}x.$$

例 4.1.10　设离散型随机变量 X 的分布律为

X	-1	0	1	2
p	0.1	0.3	0.4	0.2

求随机变量 $Y = 3X^2 - 2$ 的数学期望.

解　依题意，可得，

$$E(Y) = [3 \times (-1)^2 - 2] \times 0.1 + (3 \times 0^2 - 2) \times 0.3$$
$$+ (3 \times 1^2 - 2) \times 0.4 + (3 \times 2^2 - 2) \times 0.2$$
$$= 1.9.$$

例 4.1.11　随机变量 $X \sim N(0,1)$，求 $Y = X^2$ 的数学期望.

解　依题意，可得

$$E(Y) = E(X^2) = \int_{-\infty}^{+\infty} x^2 f(x)\,\mathrm{d}x$$

$$= \int_{-\infty}^{+\infty} x^2 \frac{1}{\sqrt{2\pi}} e^{-\frac{x^2}{2}}\,\mathrm{d}x$$

$$= \frac{1}{\sqrt{2\pi}} \int_{-\infty}^{+\infty} x\,\mathrm{d}e^{-\frac{x^2}{2}}$$

$$= \frac{1}{\sqrt{2\pi}} \left(x e^{-\frac{x^2}{2}} \bigg|_{-\infty}^{+\infty} - \int_{-\infty}^{+\infty} e^{-\frac{x^2}{2}}\,\mathrm{d}x \right)$$

$$= \frac{1}{\sqrt{2\pi}} \int_{-\infty}^{+\infty} e^{-\frac{x^2}{2}}\,\mathrm{d}x = 1.$$

例 4.1.12　国际市场每年对我国某种商品的需求量是随机变量 X(单位：吨)，它服从 $[2000,4000]$ 上的均匀分布，已知每售出 1 吨商品，可挣得外汇 3 万元；若售不出去而积压，则每吨商品需花费库存费等共 1 万元，问需要组织多少货源，才能使收益期望最大？

解　设组织货源 t 吨，$t \in [2000,4000]$，收益为随机变量 Y (单位：万元)，按照题意 Y 是需求 X 的函数

$$Y = g(X) = \begin{cases} 3X - (t-X), & \text{当 } X < t, \\ 3t, & \text{当 } X \geqslant t, \end{cases}$$

X 的概率密度为

$$f(x) = \begin{cases} \dfrac{1}{2000}, & 2000 \leqslant x \leqslant 4000, \\ 0, & \text{其他.} \end{cases}$$

由式(4.1.4)，得

$$E(Y) = E[g(X)] = \int_{-\infty}^{+\infty} g(x)f(x)\,\mathrm{d}x$$

$$= \frac{1}{2000} \left\{ \int_{2000}^{t} [3x - (t-x)]\,\mathrm{d}x + \int_{t}^{4000} 3t\,\mathrm{d}x \right\}$$

$$= \frac{1}{2000} (-2t^2 + 14000t - 8000000).$$

当 $t = 3500$ 时 $E(Y)$ 达到最大值，也就是说组织货源 3500 吨时期望收益最大.

例 4.1.13　柯西分布 $f(x) = \dfrac{1}{\pi} \dfrac{1}{1+x^2} (-\infty < x < +\infty)$ 的数学期望

由于

$$\int_{-\infty}^{+\infty} |x| \frac{1}{\pi(1+x^2)}\,\mathrm{d}x = +\infty,$$

所以不存在.

定理 4.1 可以推广到两个或两个以上随机变量的函数上去, 我们有下面的定理.

定理 4.2　设随机变量 Z 是随机变量 (X,Y) 的函数, $Z=g(X,Y)$, 其中 g 为二元连续函数, 则

(1) 如果 (X,Y) 为二维离散型随机变量, 其分布律为
$$P\{X=x_i,Y=y_j\}=p_{ij}, \qquad i,j=1,2,\cdots,$$
且 $\sum_{j=1}^{\infty}\sum_{i=1}^{\infty}g(x_i,y_j)p_{ij}$ 绝对收敛, 则随机变量 $Z=g(X,Y)$ 的数学期望为
$$E(Z)=E[g(X,Y)]=\sum_{j=1}^{\infty}\sum_{i=1}^{\infty}g(x_i,y_j)p_{ij}; \qquad (4.1.5)$$

(2) 如果 (X,Y) 为二维连续型随机变量时, 概率密度为 $f(x,y)$, 且 $\int_{-\infty}^{+\infty}\int_{-\infty}^{+\infty}g(x,y)f(x,y)\mathrm{d}x\mathrm{d}y$ 绝对收敛, 则随机变量 $Z=g(X,Y)$ 的数学期望为
$$E(Z)=E[g(X,Y)]=\int_{-\infty}^{+\infty}\int_{-\infty}^{+\infty}g(x,y)f(x,y)\mathrm{d}x\mathrm{d}y. \qquad (4.1.6)$$

例 4.1.14　设二维离散型随机变量 (X,Y) 的分布律为

X＼Y	0	1
0	0.1	0.3
1	0.4	0.2

求 $E(XY)$ 和 $E(Z)$, 其中 $Z=\max(X,Y)$.

解　依题意, 可得
$$E(XY)=0\times0\times0.1+0\times1\times0.3+1\times0\times0.4+1\times1\times0.2=0.2;$$
$$E(Z)=0\times0.1+1\times0.9=0.9.$$

例 4.1.15　设二维连续型随机变量 (X,Y) 的概率密度为
$$f(x,y)=\begin{cases}12y^2, & 0\leqslant y\leqslant x\leqslant1,\\ 0, & 其他,\end{cases}$$
求 (1) $E(XY)$; (2) $E(X^2)$.

解　(1) 由公式 (4.1.6) 得,
$$E(XY)=\int_{-\infty}^{+\infty}\int_{-\infty}^{+\infty}xyf(x,y)\mathrm{d}x\mathrm{d}y=\int_0^1x\mathrm{d}x\int_0^x y(12y^2)\mathrm{d}y=\frac{1}{2}.$$

(2) 将 X^2 看成是函数 $Z=g(X,Y)$ 的特殊情况, 从而利用式 (4.1.6) 进行求解, 即

$$E(X^2) = \int_{-\infty}^{+\infty} \int_{-\infty}^{+\infty} x^2 f(x,y)\,\mathrm{d}x\mathrm{d}y = \int_0^1 x^2\,\mathrm{d}x \int_0^x 12y^2\,\mathrm{d}y = \frac{2}{3}.$$

需要说明的是：本题在求解 $E(X^2)$ 时，也可以先求出 (X,Y) 关于 X 的边缘概率密度，再利用公式 $E(X^2) = \int_{-\infty}^{+\infty} x^2 f_X(x)\,\mathrm{d}x$，求解 $E(X^2)$（请读者自行完成）.

例 4.1.16　一商店经销某种商品，每周进货量 X 与顾客对商品的需求量 Y 是相互独立的随机变量，且都服从 $[10,20]$ 上的均匀分布，商店每售出一单位商品可得利润 1000 元，若需求量超过进货量，商店可从其他商店调剂供应，这时每单位商品获利润 500 元，计算经销此商品每周所获的平均利润.

解　设 Z 表示商店每周所获利润，依题意

$$Z = g(X,Y) = \begin{cases} 1000Y, & Y \leq X, \\ 1000X + 500(Y-X), & Y > X, \end{cases}$$

由于 (X,Y) 的概率密度为

$$f(x,y) = \begin{cases} \dfrac{1}{100}, & 10 \leq x \leq 20, 10 \leq y \leq 20, \\ 0, & \text{其他}, \end{cases}$$

所以

$$\begin{aligned}
E(Z) &= \int_{10}^{20} \int_{10}^{20} g(x,y) f(x,y)\,\mathrm{d}x\mathrm{d}y \\
&= \int_{10}^{20} \mathrm{d}y \int_y^{20} 1000y \cdot \frac{1}{100}\mathrm{d}x + \int_{10}^{20} \mathrm{d}y \int_{10}^y 500(x+y) \cdot \frac{1}{100}\mathrm{d}x \\
&= 10 \int_{10}^{20} y(20-y)\,\mathrm{d}y + 5 \int_{10}^{20} \left(\frac{3}{2}y^2 - 10y - 50 \right)\mathrm{d}y \\
&= \frac{20000}{3} + 5 \times 1500 \approx 14166.67(\text{元}).
\end{aligned}$$

4.1.3　数学期望的性质

设 C 为常数，随机变量 X，Y 的数学期望都存在. 关于数学期望有如下性质成立：

性质 1　$E(C) = C$；

性质 2　$E(CX) = CE(X)$；

性质 3　$E(X+Y) = E(X) + E(Y)$；

性质 4　如果随机变量 X 和 Y 相互独立，则 $E(XY)=E(X)E(Y)$.

这里只就连续型随机变量的情形对性质 3 和性质 4 给出证明，对于离散型随机变量情形，请读者自行完成.

证明　设二维连续型随机变量 (X,Y) 的概率密度为 $f(x,y)$，(X,Y) 关于 X 和关于 Y 的边缘概率密度为 $f_X(x)$ 和 $f_Y(y)$，则有

$$
\begin{aligned}
E(X+Y) &= \int_{-\infty}^{+\infty}\int_{-\infty}^{+\infty}(x+y)f(x,y)\,\mathrm{d}x\mathrm{d}y \\
&= \int_{-\infty}^{+\infty}\int_{-\infty}^{+\infty}xf(x,y)\,\mathrm{d}x\mathrm{d}y+\int_{-\infty}^{+\infty}\int_{-\infty}^{+\infty}yf(x,y)\,\mathrm{d}x\mathrm{d}y \\
&= \int_{-\infty}^{+\infty}x\left[\int_{-\infty}^{+\infty}f(x,y)\,\mathrm{d}y\right]\mathrm{d}x+\int_{-\infty}^{+\infty}y\left[\int_{-\infty}^{+\infty}f(x,y)\,\mathrm{d}x\right]\mathrm{d}y \\
&= \int_{-\infty}^{+\infty}xf_X(x)\,\mathrm{d}x+\int_{-\infty}^{+\infty}yf_Y(y)\,\mathrm{d}y \\
&= E(X)+E(Y).
\end{aligned}
$$

如果 X 和 Y 相互独立，则 $f(x,y)=f_X(x)f_Y(y)$，有

$$
\begin{aligned}
E(XY) &= \int_{-\infty}^{+\infty}\int_{-\infty}^{+\infty}xyf(x,y)\,\mathrm{d}x\mathrm{d}y \\
&= \int_{-\infty}^{+\infty}\int_{-\infty}^{+\infty}xyf_X(x)f_Y(y)\,\mathrm{d}x\mathrm{d}y \\
&= \int_{-\infty}^{+\infty}xf_X(x)\,\mathrm{d}x\cdot\int_{-\infty}^{+\infty}yf_Y(y)\,\mathrm{d}y \\
&= E(X)E(Y).
\end{aligned}
$$

例 4.1.17　设两个随机变量 X 和 Y，且 $E(X^2)$ 和 $E(Y^2)$ 都存在，证明：

$$[E(XY)]^2\leqslant E(X^2)E(Y^2). \tag{4.1.7}$$

这一不等式称为**柯西—施瓦茨**（Cauchy-Schwarz）**不等式**.

证明　对于任意实数 t，令

$$g(t)=E[(X+tY)^2].$$

由数学期望的性质，有

$$
\begin{aligned}
E[(X+tY)^2] &= E(X^2+2tXY+t^2Y^2) \\
&= E(X^2)+2tE(XY)+t^2E(Y^2),
\end{aligned}
$$

因此　　　　$g(t)=E(X^2)+2tE(XY)+t^2E(Y^2).$

由于 $g(t)\geqslant 0$，上述关于 t 的二次函数的判别式小于或等于 0. 即

$$\Delta=4[E(XY)]^2-4E(X^2)E(Y^2)\leqslant 0,$$

因此　　　　$[E(XY)]^2\leqslant E(X^2)E(Y^2).$

例 4.1.18　设随机变量 X 和 Y 相互独立，且各自的概率密度为

$$f_X(x)=\begin{cases}3\mathrm{e}^{-3x}, & x>0,\\0, & 其他,\end{cases}\qquad f_Y(y)=\begin{cases}4\mathrm{e}^{-4y}, & y>0,\\0, & 其他,\end{cases}$$

求 $E(XY)$.

解 由性质 3 得

$$E(XY) = E(X)E(Y)$$

$$= \int_{-\infty}^{+\infty} x f_X(x)\,dx \times \int_{-\infty}^{+\infty} y f_Y(y)\,dy$$

$$= \int_0^{+\infty} 3x e^{-3x}\,dx \times \int_0^{+\infty} 4y e^{-4y}\,dy$$

$$= \frac{1}{3} \times \frac{1}{4} = \frac{1}{12}.$$

例 4.1.19 将 n 个球随机放入 M 个盒子中去，设每个球放入各盒子是等可能的，求有球盒子数 X 的期望.

解 令随机变量 $X_i = \begin{cases} 1, & \text{第 } i \text{ 个盒子有球,} \\ 0, & \text{第 } i \text{ 个盒子无球,} \end{cases}$ $i = 1, 2, \cdots, M,$

显然有 $$X = \sum_{i=1}^{M} X_i.$$

对于第 i 个盒子而言，每只球不放入其中的概率为 $\left(1 - \frac{1}{M}\right)$, n 个球都不放入的概率为 $\left(1 - \frac{1}{M}\right)^n$, 因此

$$P\{X_i = 0\} = \left(1 - \frac{1}{M}\right)^n,$$

$$P\{X_i = 1\} = 1 - \left(1 - \frac{1}{M}\right)^n.$$

由于 $E(X_i) = 1 \times P\{X_i = 1\} + 0 \times P\{X_i = 0\} = 1 - \left(1 - \frac{1}{M}\right)^n,$

由数学期望的性质，可以得到

$$E(X) = \sum_{i=1}^{M} E(X_i) = M\left(1 - \left(1 - \frac{1}{M}\right)^n\right).$$

习题 4.1

1. 设随机变量 X 的分布律为

X	7	8	9
p	0.1	0.2	0.7

求 $E(9-X)^2$.

2. 设随机变量 (X,Y) 的概率密度函数 $f(x,y) = \begin{cases} 3x, & 0<x<1, 0<y<x, \\ 0, & \text{其他,} \end{cases}$ 求 $E(X)$, $E(Y)$.

3. 若 $X \sim N(0,4)$, $Y \sim U(0,4)$, 且 X 与 Y 相互独立，求 $E(XY)$.

4. 设一盒子中有 5 个球，其中 2 个是红球，3 个是黑球，从中任意抽取 3 个球. 令随机变量 X 表示抽取到的白球数，求 $E(X)$.

5. 已知投资某一项目的收益率 X 是一随机变量，其分布律为

X	1%	2%	3%	4%	5%	6%
p	0.1	0.1	0.2	0.3	0.2	0.1

一位投资者在该项目上投资了 10 万元, 求他预期获得多少收益?

6. 已知随机变量 X 和 Y 相互独立, 且各自的分布律为

X	1	2	3
p	0.25	0.5	0.25

Y	0	1
p	0.5	0.5

求 (1) $E(X)$; (2) $E(XY)$; (3) $E\left(\dfrac{Y}{X}\right)$; (4) $E[(X-Y)^2]$.

4.2 方差的定义与性质

4.2.1 方差及其计算公式

数学期望体现了随机变量所有可能取值的平均值, 是随机变量最重要的数字特征之一. 但在许多问题中只知道这一点是不够的, 还需要知道与其数学期望之间的偏离程度. 在概率论中, 这个偏离程度通常用 $E\{[X-E(X)]^2\}$ 来表示, 我们有下面关于方差的定义.

> **定义 4.3** 设 X 为一随机变量, 如果随机变量 $[X-E(X)]^2$ 的数学期望存在, 则称之为 X 的方差, 记为 $D(X)$, 即
> $$D(X) = E\{[X-E(X)]^2\}. \qquad (4.2.1)$$
> 称 $\sqrt{D(X)}$ 为随机变量 X 的**标准差**或**均方差**, 记作 $\sigma(X)$.

由定义 4.3 可知, 随机变量 X 的方差反应了 X 与其数学期望 $E(X)$ 的偏离程度, 如果 X 取值集中在 $E(X)$ 附近, 则方差 $D(X)$ 较小; 如果 X 取值比较分散, 方差 $D(X)$ 较大. 不难看出, 方差 $D(X)$ 实质上是随机变量 X 函数 $[X-E(X)]^2$ 的数学期望.

如果 X 是离散型随机变量, 其概率分布律为
$$P\{X=x_k\} = p_k, \quad k=1,2,\cdots,$$

则有
$$D(X) = E\{[X-E(X)]^2\} = \sum_{k=1}^{\infty} [x_k-E(X)]^2 p_k.$$

如果 X 是连续型随机变量, 其概率密度为 $f(x)$, 则有
$$D(X) = E\{[X-E(X)]^2\} = \int_{-\infty}^{+\infty} [x-E(X)]^2 f(x)\,\mathrm{d}x.$$

根据数学期望的性质, 可得
$$\begin{aligned}
D(X) &= E\{[X-E(X)]^2\} \\
&= E\{X^2 - 2X \cdot E(X) + [E(X)]^2\} \\
&= E(X^2) - 2E(X) \cdot E(X) + [E(X)]^2 \\
&= E(X^2) - [E(X)]^2.
\end{aligned}$$

即
$$D(X) = E(X^2) - [E(X)]^2, \qquad (4.2.2)$$

这是计算随机变量方差常用的公式.

| 例 4.2.1 | 设离散型随机变量 X 的分布律为 |

X	-1	0	1	2
p	0.1	0.3	0.4	0.2

求 $D(X)$.

　　解　因为 $E(X)=(-1)\times0.1+0\times0.3+1\times0.4+2\times0.2=0.7$,

$$E(X^2)=(-1)^2\times0.1+0^2\times0.3+1^2\times0.4+2^2\times0.2=1.3,$$

$$D(X)=E(X^2)-[E(X)]^2=1.3-0.7^2=0.81.$$

| 例 4.2.2 | 设 $X\sim B(n,p)$, 求 $D(X)$.

　　解　$E(X)=np$, 令 $q=1-p$,

$$E(X^2)=\sum_{k=0}^{n} k^2\,\mathrm{C}_n^k p^k q^{n-k}$$

$$=\sum_{k=1}^{n}\left[k(k-1)+k\right]\frac{n!}{k!\,(n-k)!}p^k q^{n-k}$$

$$=\sum_{k=1}^{n}(k-1)\frac{n(n-1)(n-2)!}{(k-1)!\,(n-k)!}p^2 p^{k-2}q^{(n-2)-(k-2)}+$$

$$\sum_{k=1}^{n}\frac{n!}{(k-1)!\,(n-k)!}p^k q^{n-k}$$

$$=n(n-1)p^2\sum_{k=2}^{n}\frac{(n-2)!}{(k-2)!\,(n-k)!}p^{k-2}q^{(n-2)-(k-2)}+E(X)$$

$$=n(n-1)p^2+np,$$

所以

$$D(X)=E(X^2)-[E(X)]^2=n(n-1)p^2+np-n^2p^2=npq.$$

| 例 4.2.3 | 设 $X\sim P(\lambda)$, 求 $D(X)$.

　　解　$E(X)=\lambda$,

$$E(X^2)=\sum_{k=0}^{\infty} k^2\frac{\lambda^k \mathrm{e}^{-\lambda}}{k!}=\sum_{k=1}^{\infty}\left[(k-1)+1\right]\frac{\lambda^k \mathrm{e}^{-\lambda}}{(k-1)!}$$

$$=\sum_{k=2}^{\infty}\frac{\lambda^2\cdot\lambda^{k-2}}{(k-2)!}\cdot \mathrm{e}^{-\lambda}+\sum_{k=1}^{\infty}\frac{\lambda^k}{(k-1)!}\cdot \mathrm{e}^{-\lambda}$$

$$=\lambda^2+\lambda,$$

所以　　　　　　　　　　　$D(X)=(\lambda^2+\lambda)-\lambda^2=\lambda.$

| 例 4.2.4 | 设随机变量 X 服从几何分布 $X\sim G(p)$, 即

$$P\{X=k\}=pq^{k-1},k=1,2,\cdots$$

其中 $0<p<1$, $q=1-p$, 求 $E(X)$, $D(X)$.

　　解　$E(X)=\sum_{k=1}^{\infty} kpq^{k-1}=p\sum_{k=1}^{\infty} kq^{k-1}$

由于

$$\sum_{k=0}^{\infty} q^k = \frac{1}{1-q}, \ 0<q<1,$$

对此级数逐项求导，得

$$\frac{d}{dq}\Big(\sum_{k=0}^{\infty} q^k\Big) = \sum_{k=0}^{\infty}\frac{d}{dq}q^k = \sum_{k=1}^{\infty} kq^{k-1},$$

因此

$$\sum_{k=1}^{\infty} kq^{k-1} = \frac{d}{dq}\Big(\frac{1}{1-q}\Big) = \frac{1}{(1-q)^2},$$

从而

$$E(X) = p \cdot \frac{1}{(1-q)^2} = \frac{1}{p}.$$

又

$$E(X^2) = \sum_{k=1}^{\infty} k^2 pq^{k-1} = \sum_{k=1}^{\infty} k(k-1)pq^{k-1} + \sum_{k=1}^{\infty} kpq^{k-1}$$

$$= pq\sum_{k=2}^{\infty} k(k-1)q^{k-2} + \frac{1}{p}.$$

对 $\sum_{k=1}^{\infty} kq^{k-1} = \frac{1}{(1-q)^2}$ 两边求导，得

$$\sum_{k=2}^{\infty} k(k-1)q^{k-2} = \frac{d}{dq}\Big(\sum_{k=1}^{\infty} kq^{k-1}\Big) = \frac{d}{dq}\Big(\frac{1}{(1-q)^2}\Big) = \frac{2}{(1-q)^3},$$

于是

$$E(X^2) = pq\frac{2}{(1-q)^3} + \frac{1}{p} = \frac{2q}{p^2} + \frac{1}{p},$$

因此

$$D(X) = E(X^2) - [E(X)]^2 = \frac{2q}{p^2} + \frac{1}{p} - \frac{1}{p^2} = \frac{1-p}{p^2},$$

即

$$E(X) = \frac{1}{p}, \qquad D(X) = \frac{1-p}{p^2}.$$

例 4.2.5　设 $X \sim U(a,b)$，求 DX.

解　$E(X) = \frac{a+b}{2}$,

$$E(X^2) = \int_{-\infty}^{+\infty} x^2 f(x)\,dx$$

$$= \int_a^b x^2 \cdot \frac{1}{b-a}\,dx = \frac{1}{3}(b^2+ab+a^2),$$

于是　$D(X) = E(X^2) - [E(X)]^2 = \dfrac{1}{12}(b-a)^2$.

例 4.2.6　设 $X \sim E(\lambda)$，求 $D(X)$.

　　解　$E(X) = \dfrac{1}{\lambda}$，

$$E(X^2) = \int_{-\infty}^{+\infty} x^2 f(x)\,\mathrm{d}x = \int_0^{+\infty} x^2 \mathrm{e}^{-\lambda x}\,\mathrm{d}x = \dfrac{2}{\lambda^2},$$

因此 $D(X) = E(X^2) - [E(X)]^2 = \dfrac{2}{\lambda^2} - \left(\dfrac{1}{\lambda}\right)^2 = \dfrac{1}{\lambda^2}$.

例 4.2.7　设 $X \sim N(\mu, \sigma^2)$，求 $D(X)$.

　　解　由于 $E(X) = \mu$，

$$D(X) = \int_{-\infty}^{+\infty} (x-\mu)^2 \cdot \dfrac{1}{\sqrt{2\pi}\,\sigma} \cdot \mathrm{e}^{-\frac{(x-\mu)^2}{2\sigma^2}}\,\mathrm{d}x$$

$$\left(\diamondsuit\ \dfrac{x-\mu}{\sigma} = t\right) = \dfrac{\sigma^2}{\sqrt{2\pi}} \int_{-\infty}^{+\infty} t^2 \mathrm{e}^{-\frac{t^2}{2}}\,\mathrm{d}t$$

$$= \dfrac{\sigma^2}{\sqrt{2\pi}} \left[-t\mathrm{e}^{-\frac{t^2}{2}}\ \Big|_{-\infty}^{+\infty} + \int_{-\infty}^{+\infty} \mathrm{e}^{-\frac{t^2}{2}}\,\mathrm{d}t \right] = \sigma^2.$$

　　这样对于 $X \sim N(\mu, \sigma^2)$，两个参数 μ，σ^2 分别是 X 的数学期望和方差. 因而正态分布完全可由它的数学期望和方差确定.

4.2.2　方差的性质

　　设 C 为常数，随机变量 X，Y 的方差都存在. 关于方差有如下性质：

性质 1　若 $X = C$，$D(X) = 0$；
事实上，$D(X) = E\{[C - E(C)]^2\} = 0$.

性质 2　$D(CX) = C^2 D(X)$；
事实上，$D(CX) = E\{[CX - E(CX)]^2\}$
$\qquad\qquad\qquad = C^2 E\{[X - E(X)]^2\} = C^2 D(X)$.

性质 3　$D(X+C) = D(X)$；
事实上，$D(X+C) = E\{[(X+C) - E(X+C)]^2\}$
$\qquad\qquad\qquad = E\{[X+C-E(X)-C]^2\}$
$\qquad\qquad\qquad = E\{[X - E(X)]^2\}$
$\qquad\qquad\qquad = D(X)$.

性质 4 如果随机变量 X, Y 相互独立, 则
$$D(X+Y)=D(X)+D(Y).$$
事实上,
$$\begin{aligned}
D(X+Y)&=E[X-E(X)+(Y-E(Y))]^2\\
&=E[X-E(X)]^2+2E[(X-E(X))(Y-E(Y))]+E[Y-E(Y)]^2\\
&=D(X)+2E[(X-E(X))(Y-E(Y))]+D(Y).
\end{aligned}$$

注意到 X 和 Y 相互独立, 因此 $X-E(X)$ 和 $Y-E(Y)$ 也相互独立, 由数学期望的性质, 有
$$E[(X-E(X))(Y-E(Y))]=E[X-E(X)]\cdot E[Y-E(Y)]=0,$$
于是
$$D(X+Y)=D(X)+D(Y).$$

性质 5 随机变量 X 的方差 $D(X)=0$ 的充分必要条件是: X 以概率 1 取值常数 C, 即
$$P\{X=C\}=1.$$

下面的结论在数理统计中是很有用的.

例 4.2.8 设 X_1, X_2, $\cdots$, X_n 相互独立并且服从同一分布, 若
$$E(X_1)=\mu, D(X_1)=\sigma^2,$$
记 $\overline{X}=\dfrac{1}{n}\sum_{i=1}^{n}X_i$, 证明: $E(\overline{X})=\mu$, $D(\overline{X})=\dfrac{\sigma^2}{n}$.

证明 由数学期望的性质 $E\left(\sum_{i=1}^{n}X_i\right)=\sum_{i=1}^{n}E(X_i)=n\mu$, 又由独立性和方差的性质知
$$D\left(\sum_{i=1}^{n}X_i\right)=\sum_{i=1}^{n}D(X_i)=n\sigma^2,$$
于是 $E(\overline{X})=\mu$, $D(\overline{X})=\dfrac{1}{n^2}D\left(\sum_{i=1}^{n}X_i\right)=\dfrac{\sigma^2}{n}$.

若用 X_1, X_2, $\cdots$, X_n 表示对物体重量的 n 次重复测量的误差, 而 σ^2 为误差大小的度量, 公式 $D(\overline{X})=\dfrac{\sigma^2}{n}$ 表明 n 次重复测量的平均误差是单次测量误差的 $\dfrac{1}{n}$, 也就是说, 重复测量的平均精度要比单次测量的精度高.

习题 4.2

1. 设随机变量(X,Y)的概率密度函数

$$f(x,y)=\begin{cases}3x, & 0<x<1,0<y<x, \\ 0, & 其他,\end{cases}$$ 求 $D(X)$，$D(Y)$.

2. 若 $X\sim N(0,4)$，$Y\sim U(0,4)$，且 X 与 Y 相互独立，求 $D(X)$.

3. 设 X 和 Y 相互独立且 $E(X)=E(Y)=0$，$D(X)=D(Y)=1$，求 $E[(X+2Y)^2]$.

4. 假设随机变量 X 在区间 $[-1,2]$ 上服从均匀分布，随机变量 $Y=\begin{cases}1, & 若 X>0, \\ 0, & 若 X=0, \\ -1, & 若 X<0,\end{cases}$

则方差 $D(Y)=$ _____.

4.3 协方差的定义与性质

上两节中，介绍了用于描述单个随机变量取值的平均值和偏离程度的两个数字特征——数学期望和方差. 对于二维随机变量，不仅要考虑单个随机变量自身的统计规律性，还要考虑两个随机变量相互联系的统计规律性. 因此，我们还需要反映两个随机变量之间关系的数字特征，协方差和相关系数就是这样的数字特征.

在上节方差性质的证明中，我们看到，如果两个随机变量 X 与 Y 相互独立时，则有

$$E[(X-E(X))(Y-E(Y))]=0.$$

这表明，当 $E[(X-E(X))(Y-E(Y))]\neq 0$ 时，X 与 Y 不独立，因而存在一定的关系，我们可以把这个作为描述 X 和 Y 之间相互关系的一个数字特征，有下面的定义.

定义 4.4 设随机变量 X 与 Y 的数学期望 $E(X)$ 和 $E(Y)$ 都存在，如果随机变量 $[X-E(X)][Y-E(Y)]$ 的数学期望存在，则称之为随机变量 X 和 Y 的**协方差**，记作 $Cov(X,Y)$：

$$Cov(X,Y)=E\{[X-E(X)][Y-E(Y)]\}. \quad (4.3.1)$$

利用数学期望的性质，容易得到协方差的另一计算公式

$$Cov(X,Y)=E(XY)-E(X)E(Y). \quad (4.3.2)$$

容易验证协方差有如下性质：

性质 1 $Cov(X,Y)=Cov(Y,X)$；

性质 2 $Cov(X,X)=D(X)$；

性质 3　$\text{Cov}(aX,bY)=ab\text{Cov}(X,Y)$，其中 a，b 为常数；

性质 4　$\text{Cov}(X+Y,Z)=\text{Cov}(X,Z)+\text{Cov}(Y,Z)$.

事实上

$$
\begin{aligned}
\text{Cov}(X+Y,Z) &= E[(X+Y)Z]-E(X+Y)E(Z) \\
&= E(XZ)+E(YZ)-E(X)E(Z)-E(Y)E(Z) \\
&= [E(XZ)-E(X)E(Z)]+[E(YZ)-E(Y)E(Z)] \\
&= \text{Cov}(X,Z)+\text{Cov}(Y,Z),
\end{aligned}
$$

由此容易得到计算方差的一般公式

$$
D(X+Y)=D(X)+D(Y)+2\text{Cov}(X,Y). \tag{4.3.3}
$$

或一般地

$$
D\left(\sum_{i=1}^{n}a_iX_i\right)=\sum_{i=1}^{n}a_i^2D(X_i)+2\sum_{i<j}a_ia_j\text{Cov}(X_i,X_j). \tag{4.3.4}
$$

其中，$a_i(i=1,2,\cdots,n)$ 为常数.

例 4.3.1　蒙特摩特（Montmort）配对问题.

n 个人将自己的帽子放在一起，充分混合后每人随机地取出一顶，求选中自己帽子人数的均值和方差.

解　令 X 表示选中自己帽子的人数，设

$$
X_i=\begin{cases}1, & \text{如第 }i\text{ 人选中自己的帽子,} \\ 0, & \text{其他.}\end{cases}
$$

$i=1$，2，$\cdots$，n，则有

$$
X=X_1+X_2+\cdots+X_n,
$$

易知

$$
P\{X_i=1\}=\frac{1}{n},P\{X_i=0\}=\frac{n-1}{n},
$$

所以

$$
E(X_i)=\frac{1}{n},D(X_i)=\frac{n-1}{n^2},i=1,2,\cdots,n,
$$

因此

$$
E(X)=E(X_1)+E(X_2)+\cdots+E(X_n)=1.
$$

注意到

$$
X_iX_j=\begin{cases}1, & \text{如第 }i\text{ 人与第 }j\text{ 人都选中自己的帽子,} \\ 0, & \text{反之.}\end{cases}
$$

$i\neq j$，于是

$$
E(X_iX_j)=P\{X_i=1,X_j=1\}
$$

$$= P\{X_i = 1\} P\{X_j = 1 \mid X_i = 1\} = \frac{1}{n(n-1)},$$

$$\mathrm{Cov}(X_i, X_j) = E(X_i X_j) - E(X_i) E(X_j) = \frac{1}{n^2(n-1)},$$

从而

$$D(X) = \sum_{i=1}^{n} D(X_i) + 2\sum_{i<j} \mathrm{Cov}(X_i, X_j)$$

$$= \frac{n-1}{n} + 2C_n^2 \frac{1}{n^2(n-1)}$$

$$= 1.$$

引入协方差的目的在于度量随机变量之间关系的强弱，但由于协方差有量纲，其数值受 X 和 Y 本身量纲的影响，为了克服这一缺点，我们对随机变量进行标准化.

称 $X^* = \dfrac{X - E(X)}{\sqrt{D(X)}}$ 为随机变量 X 的**标准化随机变量**，不难验证 $E(X^*) = 0$，$D(X^*) = 1$. 例如，$X \sim N(\mu, \sigma^2)$ $(\sigma > 0)$，由于 $E(X) = \mu$，$D(X) = \sigma^2$，有 $X^* = \dfrac{X - \mu}{\sigma} \sim N(0, 1)$.

下面我们对 X 和 Y 的标准化随机变量求协方差，有

$$\mathrm{Cov}(X^*, Y^*) = E(X^* Y^*) - E(X^*) E(Y^*) = E(X^* Y^*)$$

$$= E\left(\frac{X - E(X)}{\sqrt{D(X)}} \cdot \frac{Y - E(Y)}{\sqrt{D(Y)}} \right)$$

$$= \frac{E[(X - E(X))(Y - E(Y))]}{\sqrt{D(X)} \sqrt{D(Y)}}$$

$$= \frac{\mathrm{Cov}(X, Y)}{\sqrt{DX} \sqrt{DY}}.$$

上式表明，可以利用标准差对协方差进行修正，从而我们可以得到一个能更好地度量随机变量之间关系强弱的数字特征——相关系数.

习题 4.3

1. 设 X 服从参数为 2 的泊松分布，$Y = 3X - 2$，求 $\mathrm{Cov}(X, Y)$.

2. 设随机变量 X_1，X_2，$\cdots$，X_n 相互独立同分布，且其方差为 $\sigma^2 > 0$，令 $Y = \dfrac{1}{n} \sum_{i=1}^{n} X_i$，计算协方差 $\mathrm{Cov}(X_2, Y)$.

3. 设二维随机变量 (X, Y) 的联合概率密度为

$$f(x, y) = \begin{cases} 1, & |y| < x, 0 < x < 1 \\ 0, & \text{其他} \end{cases}$$

求 $\mathrm{Cov}(X, Y)$.

4. (2002—3) 设随机变量 X，Y 的联合概率分布为：

X \ Y	−1	0	1
0	0.07	0.18	0.15
1	0.08	0.32	0.20

则 X^2 和 Y^2 的协方差 $\mathrm{cov}(X^2,Y^2)=$ _____.

4.4* 相关系数

定义 4.5　设随机变量 X 和 Y 的方差都存在且不为零，X 和 Y 的协方差 $\mathrm{Cov}(X,Y)$ 也存在，则称 $\dfrac{\mathrm{Cov}(X,Y)}{\sqrt{DX}\sqrt{DY}}$ 为随机变量 X 和 Y 的**相关系数**，记作 ρ_{XY}，即

$$\rho_{XY}=\frac{\mathrm{Cov}(X,Y)}{\sqrt{DX}\sqrt{DY}} \qquad (4.4.1)$$

如果 $\rho_{XY}=0$，则称 X 和 Y 不相关；如果 $\rho_{XY}>0$，则称 X 和 Y 正相关，特别地，如果 $\rho_{XY}=1$，则称 X 和 Y 完全正相关；如果 $\rho_{XY}<0$，则称 X 和 Y 负相关，特别地，如果 $\rho_{XY}=-1$，则称 X 和 Y 完全负相关.

容易验证 X 和 Y 的相关系数 ρ_{XY} 有如下性质：

性质 1　$|\rho_{XY}|\leqslant 1$；

事实上，由柯西—施瓦茨不等式，有

$$\begin{aligned}
\left[\mathrm{Cov}(X,Y)\right]^2 &= \left\{E\left\{\left[X-E(X)\right]\left[Y-E(Y)\right]\right\}\right\}^2 \\
&\leqslant E\left\{\left[X-E(X)\right]^2\right\}E\left\{\left[Y-E(Y)\right]\right\}^2 \\
&= D(X)D(Y),
\end{aligned}$$

有

$$|\mathrm{Cov}(X,Y)|\leqslant \sqrt{DX}\sqrt{DY},$$

即

$$|\rho_{XY}|=\left|\frac{\mathrm{Cov}(X,Y)}{\sqrt{DX}\sqrt{DY}}\right|\leqslant 1.$$

性质 2　$|\rho_{XY}|=1$ 的充分必要条件是：存在常数 a，b 使得

$$P\{Y=aX+b\}=1. \qquad (4.4.2)$$

事实上，设 $D(X)=\sigma_X^2>0$，$D(Y)=\sigma_Y^2>0$，对于任意实数 b，有

$$\begin{aligned}
D(Y-bX) &= E\left\{\left[Y-bX-E(Y-bX)\right]^2\right\} \\
&= E\left\{\left\{\left[Y-E(Y)\right]-b\left[X-E(X)\right]\right\}^2\right\} \\
&= E\left\{\left[Y-E(Y)\right]^2\right\}-2bE\left\{\left[Y-E(Y)\right]\left[X-E(X)\right]\right\}+ \\
&\quad\ b^2E\left\{\left[X-E(X)\right]^2\right\} \\
&= b^2\sigma_X^2-2b\mathrm{Cov}(X,Y)+\sigma_Y^2.
\end{aligned}$$

在上式中，取 $b = \dfrac{\mathrm{Cov}(X,Y)}{\sigma_X^2}$，则有

$$
\begin{aligned}
D(Y-bX) &= \frac{[\mathrm{Cov}(X,Y)]^2}{\sigma_X^2} - 2\frac{[\mathrm{Cov}(X,Y)]^2}{\sigma_X^2} + \sigma_Y^2 \\
&= \sigma_Y^2 - \frac{[\mathrm{Cov}(X,Y)]^2}{\sigma_X^2} \\
&= \sigma_Y^2\left\{1 - \frac{[\mathrm{Cov}(X,Y)]^2}{\sigma_X^2\sigma_Y^2}\right\} \\
&= \sigma_Y^2(1 - \rho_{XY}^2).
\end{aligned}
$$

因此 $|\rho_{XY}| = 1$ 的充分必要条件是 $D(Y-bX) = 0$.

由方差的性质 5 知 $D(Y-bX) = 0$ 的充分必要条件是 $Y-bX$ 概率为 1 取常数 $a = E(Y-bX)$，即

$$
P\{Y-bX = a\} = 1,
$$

也就是

$$
P\{Y = a+bX\} = 1.
$$

由此可见，相关系数定量地刻画了 X 和 Y 的相关程度：$|\rho_{XY}|$ 越大，X 和 Y 的相关程度越大，$\rho_{XY} = 0$ 时相关程度最低. 需要说明的是：X 和 Y 相关的含义是指 X 和 Y 存在某种程度的线性关系，因此，若 X 和 Y 不相关，只能说明 X 与 Y 之间不存在线性关系，但并不排除 X 和 Y 之间存在其他关系.

对于随机变量 X 与 Y，容易验证下列事实是等价的：

（1）$\mathrm{Cov}(X,Y) = 0$；

（2）X 和 Y 不相关；

（3）$E(XY) = E(X)E(Y)$；

（4）$D(X+Y) = D(X)+D(Y)$.

例 4.4.1　设 θ 是 $[-\pi,\pi]$ 上均匀分布的随机变量，又

$$
X = \sin\theta,\quad Y = \cos\theta
$$

求 X 与 Y 之间的相关系数.

解　由于

$$
E(X) = \frac{1}{2\pi}\int_{-\pi}^{\pi}\sin x\,\mathrm{d}x = 0,
$$

$$
E(Y) = \frac{1}{2\pi}\int_{-\pi}^{\pi}\cos x\,\mathrm{d}x = 0,
$$

$$
E(X^2) = \frac{1}{2\pi}\int_{-\pi}^{\pi}\sin^2 x\,\mathrm{d}x = \frac{1}{2},
$$

$$
E(Y^2) = \frac{1}{2\pi}\int_{-\pi}^{\pi}\cos^2 x\,\mathrm{d}x = \frac{1}{2},
$$

$$E(XY) = \frac{1}{2\pi} \int_{-\pi}^{\pi} \sin x \cos x \mathrm{d}x = 0,$$

因此

$$\mathrm{Cov}(X, Y) = E(XY) - E(X)E(Y) = 0,$$

于是

$$\rho_{XY} = \frac{\mathrm{Cov}(X, Y)}{\sqrt{DX}\sqrt{DY}} = 0.$$

上例中 X 与 Y 是不相关的，但显然有 $X^2 + Y^2 = 1$. 也就是说 X 与 Y 虽然没有线性关系，但有另外一种函数关系，从而 X 与 Y 是不独立的. 综上所述，当 $\rho_{XY} = 0$ 时，X 与 Y 可能独立，也可能不独立.

例 4.4.2　将一颗均匀的骰子重复投掷 n 次，随机变量 X 表示出现点数小于 3 的次数，Y 表示出现点数不小于 3 的次数.

（1）证明：X 与 Y 不相互独立；

（2）证明：$X+Y$ 和 $X-Y$ 不相关；

（3）求 $3X+Y$ 和 $X-3Y$ 的相关系数.

证明　由于

$$X \sim B\left(n, \frac{1}{3}\right), \quad E(X) = \frac{n}{3}, \quad D(X) = \frac{2n}{9},$$

$$Y = n - X \sim B\left(n, \frac{2}{3}\right), \quad E(Y) = \frac{2n}{3}, \quad D(Y) = \frac{2n}{9};$$

（1）$\mathrm{Cov}(X, Y) = \mathrm{Cov}(X, n-X) = -D(X) = -\frac{2n}{9} \neq 0$,

因此 X 和 Y 不相互独立；

（2）$\mathrm{Cov}(X+Y, X-Y) = \mathrm{Cov}(X, X) - \mathrm{Cov}(Y, Y)$
$$= D(X) - D(Y) = 0,$$

因此，$X+Y$ 和 $X-Y$ 不相关；

（3）$D(3X+Y) = 9D(X) + 6\mathrm{Cov}(X, Y) + D(Y) = \frac{8n}{9}$,

$$D(X-3Y) = D(X) - 6\mathrm{Cov}(X, Y) + 9D(Y) = \frac{32n}{9},$$

$$\mathrm{Cov}(3X+Y, X-3Y) = 3D(X) - 8\mathrm{Cov}(X, Y) - 3D(Y) = \frac{16n}{9},$$

于是，$3X+Y$ 和 $X-3Y$ 的相关系数为

$$\rho = \frac{\mathrm{cov}(3X+Y, X-3Y)}{\sqrt{D(3X+Y)} \cdot \sqrt{D(X-3Y)}} = 1.$$

例 4.4.3　设 $X_1, X_2, \cdots, X_{n+m}(n>m)$ 独立同分布，且有有限方差. 求 $Y = \sum_{k=1}^{n} X_k$ 与 $Z = \sum_{k=1}^{n} X_{m+k}$ 的相关系数.

解 设 $E(X_k)=\mu$, $D(X_k)=\sigma^2$, 则

$$\mathrm{Cov}(Y,Z)=E\{[Y-E(Y)][Z-E(Z)]\}$$

$$=E\left\{\left[\sum_{k=1}^{n}(X_k-\mu)\right]\left[\sum_{k=1}^{n}(X_{m+k}-\mu)\right]\right\}.$$

注意到, 当 $i\neq j$ 时, 有

$$E\{(X_i-\mu)(X_j-\mu)\}=E(X_i-\mu)\cdot E(X_j-\mu)=0,$$

因此

$$\mathrm{Cov}(Y,Z)=E\left[\sum_{k=1}^{n-m}(X_{m+k}-\mu)^2\right]=(n-m)\sigma^2,$$

又 $$D(Y)=D(Z)=n\sigma^2,$$

所以

$$\rho_{XY}=\frac{\mathrm{Cov}(X,Y)}{\sqrt{DX}\sqrt{DY}}=\frac{n-m}{n}.$$

例 4.4.4 设二维随机变量 (X,Y) 在单位圆域 $D=\{(x,y)\mid x^2+y^2\leqslant1\}$ 上服从均匀分布, (1) 求 X 和 Y 的相关系数 ρ_{XY}; (2) bX 和 Y 是否相互独立?

解 (1) 因为 (X,Y) 在单位圆域 D 上服从均匀分布, 所以

$$f(x,y)=\begin{cases}\dfrac{1}{\pi}, & x^2+y^2\leqslant1,\\[2mm]0, & \text{其他},\end{cases}$$

因此,

$$E(XY)=\iint_{x^2+y^2\leqslant1}xy\frac{1}{\pi}\mathrm{d}x\mathrm{d}y=\int_0^{2\pi}\mathrm{d}\theta\int_0^1\frac{1}{\pi}r^3\sin\theta\cos\theta\mathrm{d}r=0,$$

$$E(X)=\iint_{x^2+y^2\leqslant1}x\frac{1}{\pi}\mathrm{d}x\mathrm{d}y=\int_0^{2\pi}\mathrm{d}\theta\int_0^1\frac{1}{\pi}r^2\cos\theta\mathrm{d}r=0,$$

$$E(Y)=\iint_{x^2+y^2\leqslant1}y\frac{1}{\pi}\mathrm{d}x\mathrm{d}y=\int_0^{2\pi}\mathrm{d}\theta\int_0^1\frac{1}{\pi}r^2\sin\theta\mathrm{d}r=0,$$

于是

$$\mathrm{Cov}(X,Y)=E(XY)-E(X)E(Y)=0,$$

从而

$$\rho_{XY}=0,$$

即 X 和 Y 不相关;

(2) 因为

$$f_X(x)=\int_{-\infty}^{+\infty}f(x,y)\mathrm{d}y=\begin{cases}\dfrac{2\sqrt{1-x^2}}{\pi}, & -1\leqslant x\leqslant1,\\[2mm]0, & \text{其他},\end{cases}$$

$$f_Y(y) = \int_{-\infty}^{+\infty} f(x,y)\,\mathrm{d}x = \begin{cases} \dfrac{2\sqrt{1-y^2}}{\pi}, & -1 \leqslant y \leqslant 1, \\ 0, & \text{其他}, \end{cases}$$

显然

$$f(x,y) \neq f_X(x)f_Y(y),$$

因此，X 和 Y 不相互独立.

例 4.4.5　设 A，B 为随机事件，且 $P(A)=p_1>0$，$P(B)=p_2>0$，定义随机变量

$$X = \begin{cases} 1, & A \text{ 发生}, \\ 0, & A \text{ 不发生}, \end{cases} \qquad Y = \begin{cases} 1, & B \text{ 发生}, \\ 0, & B \text{ 不发生}. \end{cases}$$

证明：X 与 Y 相互独立的充分必要条件是 X 与 Y 不相关.

证明　依题意，有

$$X \sim B(1,p_1), Y \sim B(1,p_2)$$

有

$$E(X)=p_1, E(Y)=p_2,$$

如果 X 与 Y 不相关，则有

$$\begin{aligned} E(XY) &= 1 \times P\{X=1, Y=1\} \\ &= E(X)E(Y) = P\{X=1\}P\{Y=1\}, \end{aligned}$$

此时

$$\begin{aligned} P\{X=1, Y=0\} &= P\{X=1\} - P\{X=1, Y=1\} \\ &= P\{X=1\}[1 - P\{Y=1\}] \\ &= P\{X=1\}P\{Y=0\}. \end{aligned}$$

同理可证

$$P\{X=0, Y=1\} = P\{X=0\}P\{Y=1\},$$
$$P\{X=0, Y=0\} = P\{X=0\}P\{Y=0\}.$$

从而 X 与 Y 相互独立.

反过来，若 X 与 Y 相互独立必有 X 与 Y 不相关. 得证.

从上面的讨论我们知道，随机变量的独立性和不相关性都是随机变量之间联系"薄弱"的一种反应. "不相关"是一个比"独立"更弱的概念. 不过对于最常用的正态分布来说，不相关性和独立性是等价的.

例 4.4.6　设二维随机变量 $(X,Y) \sim N(\mu_1, \mu_2, \sigma_1^2, \sigma_2^2, \rho)$，证明：$X$ 与 Y 相互独立的充分必要条件是 X 与 Y 不相关.

证明　(X,Y) 的概率密度为

$$f(x,y) = \frac{1}{2\pi\sigma_1\sigma_2\sqrt{1-\rho^2}} \exp\left\{ -\frac{1}{2(1-\rho^2)}\left[\frac{(x-\mu_1)^2}{\sigma_1^2} - 2\rho\frac{(x-\mu_1)(y-\mu_2)}{\sigma_1\sigma_2} + \right.\right.$$

$$\left.\left. \frac{(y-\mu_2)^2}{\sigma_2^2} \right]\right\} \quad -\infty < x < +\infty, -\infty < y < +\infty,$$

两个边缘概率密度为

$$f_X(x) = \frac{1}{\sqrt{2\pi}\,\sigma_1}\exp\left\{-\frac{(x-\mu_1)^2}{2\sigma_1^2}\right\},\ -\infty<x<+\infty,$$

$$f_Y(y) = \frac{1}{\sqrt{2\pi}\,\sigma_2}\exp\left\{-\frac{(y-\mu_2)^2}{2\sigma_2^2}\right\},\ -\infty<y<+\infty.$$

由此

$$E(X)=\mu_1,E(Y)=\mu_2,D(X)=\sigma_1^2,D(Y)=\sigma_2^2.$$

由于

$$\mathrm{Cov}(X,Y) = E\{[X-E(X)][Y-E(Y)]\}$$

$$= \int_{-\infty}^{+\infty}\int_{-\infty}^{+\infty}(x-\mu_1)(y-\mu_2)f(x,y)\mathrm{d}x\mathrm{d}y$$

$$= \frac{1}{2\pi\sigma_1\sigma_2\sqrt{1-\rho^2}}\int_{-\infty}^{+\infty}\int_{-\infty}^{+\infty}(x-\mu_1)(y-\mu_2)$$

$$\exp\left\{-\frac{1}{2(1-\rho^2)}\left[\frac{(x-\mu_1)^2}{\sigma_1^2}-2\rho\frac{(x-\mu_1)(y-\mu_2)}{\sigma_1\sigma_2}+\right.\right.$$

$$\left.\left.\frac{(y-\mu_2)^2}{\sigma_2^2}\right]\right\}\mathrm{d}x\mathrm{d}y$$

$$= \frac{1}{2\pi\sigma_1\sigma_2\sqrt{1-\rho^2}}\int_{-\infty}^{+\infty}\int_{-\infty}^{+\infty}(x-\mu_1)(y-\mu_2)\exp\left\{-\frac{(x-\mu_1)^2}{2\sigma_1^2}\right\}$$

$$\exp\left\{-\frac{1}{2(1-\rho^2)}\left[\frac{y-\mu_2}{\sigma_2}-\rho\frac{x-\mu_1}{\sigma_1}\right]^2\right\}\mathrm{d}x\mathrm{d}y,$$

令 $t=\dfrac{1}{\sqrt{1-\rho^2}}\left(\dfrac{y-\mu_2}{\sigma_2}-\rho\dfrac{x-\mu_1}{\sigma_1}\right)$, $u=\dfrac{x-\mu_1}{\sigma_1}$, 则有

$$\mathrm{Cov}(X,Y) = \frac{1}{2\pi}\int_{-\infty}^{+\infty}\int_{-\infty}^{+\infty}\sigma_1\sigma_2(\sqrt{1-\rho^2}\,tu+\rho u^2)\mathrm{e}^{-\frac{t^2}{2}}\mathrm{e}^{-\frac{u^2}{2}}\mathrm{d}t\mathrm{d}u$$

$$= \frac{\sigma_1\sigma_2\sqrt{1-\rho^2}}{2\pi}\int_{-\infty}^{+\infty}t\mathrm{e}^{-\frac{t^2}{2}}\mathrm{d}t\int_{-\infty}^{+\infty}u\mathrm{e}^{-\frac{u^2}{2}}\mathrm{d}u+$$

$$\rho\sigma_1\sigma_2\int_{-\infty}^{+\infty}\frac{1}{\sqrt{2\pi}}\mathrm{e}^{-\frac{t^2}{2}}\mathrm{d}t\int_{-\infty}^{+\infty}\frac{1}{\sqrt{2\pi}}u^2\mathrm{e}^{-\frac{u^2}{2}}\mathrm{d}u.$$

由于

$$\int_{-\infty}^{+\infty}t\mathrm{e}^{-\frac{t^2}{2}}\mathrm{d}t=-\mathrm{e}^{-\frac{t^2}{2}}\bigg|_{-\infty}^{+\infty}=0,\qquad\qquad\int_{-\infty}^{+\infty}u\mathrm{e}^{-\frac{u^2}{2}}\mathrm{d}u=0,$$

$$\int_{-\infty}^{+\infty}\frac{1}{\sqrt{2\pi}}\mathrm{e}^{-\frac{t^2}{2}}\mathrm{d}t=1,$$

又

$$\int_{-\infty}^{+\infty}\frac{1}{\sqrt{2\pi}}u^2\mathrm{e}^{-\frac{u^2}{2}}\mathrm{d}u=-\frac{1}{\sqrt{2\pi}}\int_{-\infty}^{+\infty}u\mathrm{d}\mathrm{e}^{-\frac{u^2}{2}}$$

$$=-\frac{1}{\sqrt{2\pi}}\left(u\mathrm{e}^{-\frac{u^2}{2}}\bigg|_{-\infty}^{+\infty}-\int_{-\infty}^{+\infty}\mathrm{e}^{-\frac{u^2}{2}}\mathrm{d}u\right)$$

$$= \frac{1}{\sqrt{2\pi}} \int_{-\infty}^{+\infty} e^{-\frac{u^2}{2}} du = 1,$$

因此　　　　　　　　　$\mathrm{Cov}(X, Y) = \rho\sigma_1\sigma_2,$

从而　　　　　　　$\rho_{XY} = \frac{\mathrm{Cov}(X, Y)}{\sqrt{DX}\sqrt{DY}} = \frac{\rho\sigma_1\sigma_2}{\sigma_1\sigma_2} = \rho.$

由第三章可知，二维随机变量 $(X, Y) \sim N(\mu_1, \mu_2, \sigma_1^2, \sigma_2^2, \rho)$，则随机变量 X 和 Y 相互独立的充分必要条件是参数 $\rho = 0$. 且由于 $\rho = \rho_{XY}$，所以 X 与 Y 相互独立的充分必要条件是 X 与 Y 不相关.

从上面的例子我们还看到，二维正态随机变量 (X, Y) 的概率密度中的参数 ρ 就是 X 与 Y 的相关系数，因此，二维正态随机变量 (X, Y) 的分布完全由 X 和 Y 的数学期望、方差以及 X 与 Y 的相关系数所确定.

习题 4.4

1. 设 X 和 Y 是两个随机变量，已知 $D(X) = 25$，$D(Y) = 36$，$\rho_{xy} = 0.4$，$\xi = X - Y$，$\eta = 2X + Y$，求 $D(\xi)$，$D(\eta)$，$\mathrm{Cov}(\xi, \eta)$.

2. 已知二维随机变量的概率密度函数是

$$f(x, y) = \begin{cases} x + y, & 0 < x < 1, 0 < y < 1, \\ 0, & \text{其他,} \end{cases}$$

求 X 和 Y 的协方差和相关系数.

3. 将一枚硬币重复投掷 n 次，用 X 和 Y 分别表示正面向上和反面向上的次数，则 X 和 Y 的相关系数等于（　　）

　　A. -1　　　B. 0　　　C. $\frac{1}{2}$　　　D. 1

4.5* 切比雪夫不等式

在本章的前面介绍了方差，知道随机变量的方差描述的是其取值偏离平均值的程度. 如果方差较大，则随机变量取值比较集中，反之，则取值比较分散. 形式上，这个思想由以下切比雪夫定理来表示，也称切比雪夫不等式. 它给出了方差与均值满足的一个不等式.

定理 4.3　（切比雪夫不等式）设随机变量 X 的数学期望 $E(X)$ 和方差 $D(X)$ 都存在，则对任意的 $\varepsilon > 0$，有

$$P\{|X - E(X)| \geqslant \varepsilon\} \leqslant \frac{D(X)}{\varepsilon^2}, \tag{4.5.1}$$

或 $P\{|X - E(X)| < \varepsilon\} \geqslant 1 - \dfrac{D(X)}{\varepsilon^2}.$

由切比雪夫不等式可看出：

X 落入以均值 $E(X)$ 为中心的 ε 邻域的概率不低于 $1-\dfrac{D(X)}{\varepsilon^2}$.

当 ε 取定时，随着方差 $D(X)$ 的减小，X 围绕 $E(X)$ 取值的概率增大. 反之，随着 $D(X)$ 的增大，X 围绕 $E(X)$ 取值的概率减小. 因而说明：方差 $D(X)$ 能描述对其均值 $E(X)$ 的偏离程度.

切比雪夫不等式对理论研究和实际应用都具有重要的价值，它是证明大数定律的工具.

概率论中用来阐述大量随机现象平均结果的稳定性的定理统称大数定律.

> **定理 4.4**　（切比雪夫大数定律）设 X_1，X_2，$\cdots$，X_n，$\cdots$ 相互独立，有相同的期望和方差：$\mu=E(X_i)$，$\sigma^2=D(X_i)(i=1,2,\cdots)$，则对任何 $\varepsilon>0$，有
> $$\lim_{n\to\infty}P\left\{\left|\frac{1}{n}\sum_{i=1}^{n}X_i-\mu\right|<\varepsilon\right\}=1. \qquad (4.5.2)$$

一般情况下的切比雪夫大数定律可以将条件放宽，不要求所有数学期望及方差相等. 只要数学期望、方差存在，方差有上界，则有结论：对任意 $\varepsilon>0$，有

$$\lim_{n\to\infty}P\left\{\left|\frac{1}{n}\sum_{i=1}^{n}X_i-\frac{1}{n}\sum_{i=1}^{n}\mu_i\right|<\varepsilon\right\}=1. \qquad (4.5.3)$$

其中，$E(X_i)=\mu_i$，$D(X_i)=\sigma_i^2\leqslant C(i=1,2,\cdots)$.

当随机变量 X_1，X_2，$\cdots$，X_n，$\cdots$ 相互独立同分布时，我们得到以下推论.

> **定理 4.5**　（辛钦大数定律）. 设 X_1，X_2，$\cdots$，X_n，$\cdots$ 独立同分布，且有数学期望 $E(X_i)=\mu(i=1,2,\cdots)$，则对任意的 $\varepsilon>0$，$\overline{X}=\dfrac{1}{n}\sum_{i=1}^{n}X_i$ 在 $n\to+\infty$ 时，有
> $$\lim_{n\to\infty}P\left\{\left|\overline{X}-\mu\right|<\varepsilon\right\}=1. \qquad (4.5.4)$$

辛钦大数定律表明在试验次数无限增多的情况下，算术平均值 $\overline{X}$ 与期望有较大偏差的可能性很小. 若式(4.5.2)和式(4.5.4)对任意 ε 成立，则称 X_n 依概率收敛于 μ；且可表示为

$$X_n \xrightarrow{P} \mu(\text{当 } n\to\infty).$$

定理 4.6　（伯努利大数定律）设 f_A 是 n 次独立重复试验中事件 A 发生的次数，P 是事件 A 在每次事件中发生的概率，则对于任意 $\varepsilon > 0$，都有

$$\lim_{n \to \infty} P \left\{ \left| \frac{f_A}{n} - p \right| < \varepsilon \right\} = 1. \tag{4.5.5}$$

即，频率 $\dfrac{f_A}{n} \xrightarrow{\ P\ } p$（概率）.

我们可将伯努利大数定律作为切比雪夫大数定律的特殊情形. 它的意义在于它描述了频率的稳定性.

习题 4.5

1. 随机变量 X 的数学期望 $E(X) = \mu$，$D(X) = \sigma^2$，则由切比雪夫不等式，有 $P(|X - \mu| \geqslant 3\sigma) = $ _____.

2. 已知 $E(X) = -2$，$E(Y) = 2$，$D(X) = 1$，$D(Y) = 4$，$\rho_{XY} = -0.5$，则由切比雪夫不等式有 $P\{|X+Y| \geqslant 6\} \leqslant$ _____.

3. 在冬季供暖时，住家的平均温度是 20℃，标准差为 2℃，试估计住房温度和平均温度的偏差的绝对值小于 3℃ 的概率的下界.

4. 一电网有 9000 盏路灯，晚上每盏灯打开的概率为 0.7，求同时开的灯的数目在 6600 和 7400 之间的概率.

中心极限定理

在客观实际中有许多随机现象，可以看作由大量相互独立的随机因素综合影响的结果，而每一个别因素对该现象的影响是很小的，但因素总和的随机变量往往近似地服从正态分布. 本节将用中心极限定理来说明这种现象，这里只介绍其中两个常用的定理.

定理 4.7　（棣莫弗—拉普拉斯中心极限定理）设 X_1，X_2，$\cdots$，X_n，$\cdots$，是一个独立同分布的随机变量序列，且 $X_i \sim B(1, p)$ $(i = 1, 2, \cdots)$，$Y_n = \sum\limits_{i=1}^{n} X_i$，则对任意一个 x，$-\infty < x < +\infty$，总有

$$\lim_{n \to \infty} P \left(\frac{Y_n - np}{\sqrt{np(1-p)}} \leqslant x \right) = \frac{1}{\sqrt{2\pi}} \int_{-\infty}^{x} e^{-\frac{t^2}{2}} \mathrm{d}t.$$

由此定理可知：当 n 很大时，可认为 Y_n 近似服从正态分布 $N(np, np(1-p))$，因此该定理可用于二项分布的近似计算.

例 4.6.1   已知生男婴的概率为 0.515，求在 10000 个婴儿中男孩不多于女孩的概率.

解   令 X 为 10000 个婴儿中男婴的个数，则 $X \sim B(10000, 0.515)$，故

$$np = 5150, \quad np(1-p) = 2497.75,$$

按棣莫弗—拉普拉斯中心极限定理，有

$$P(X \leqslant 5000) = P\left(\frac{X-np}{\sqrt{np(1-p)}} \leqslant \frac{5000-5150}{\sqrt{2497.75}} \right) = \Phi(-3) = 0.0013$$

如果在棣莫弗—拉普拉斯中心极限定理中去掉 X_i 服从 $B(1,p)$ 分布的限制，只保留 $X_i(i=1,2,\cdots)$ 独立同分布，则有下面的定理.

定理 4.8   (独立同分布的中心极限定理)设 X_1, X_2, $\cdots$ 是一个独立同分布的随机变量序列，且 $E(X_i) = \mu$, $D(X_i) = \sigma^2 > 0(i = 1,2,\cdots)$，则对任意一个 x, $-\infty < x < +\infty$，总有

$$\lim_{n \to \infty} P\left(\frac{\sum_{i=1}^{n} X_i - n\mu}{\sqrt{n\sigma^2}} \right) = \Phi(x).$$

例 4.6.2   某种电器元件的寿命服从均值为 100h 的指数分布. 现随机地取 16 只，设它们的寿命是相互独立的. 求这 16 只元件的寿命总和大于 1920h 的概率.

解   设第 i 只元件的寿命为 X_i，由题意知. $X_i(i=1, 2, \cdots, 16)$ 独立同分布，$E(X_i) = 100$, $D(X_i) = 100^2$. 由独立同分布的中心极限定理得

$$\frac{\sum_{i=1}^{16} X_i - 16 \times 100}{100\sqrt{16}} \sim N(0, 1).$$

这 16 只元件寿命总和大于 1920h 的概率为

$$
\begin{aligned}
P\left(\sum_{i=1}^{16} X_i > 1920 \right) &= 1 - P\left(\sum_{i=1}^{16} X_i \leqslant 1920 \right) \\
&= 1 - P\left(\frac{\sum_{i=1}^{16} X_i - 16 \times 100}{100\sqrt{16}} \leqslant \frac{1920 - 16 \times 100}{100\sqrt{16}} \right) \\
&= 1 - \Phi\left(\frac{1920 - 16 \times 100}{100\sqrt{16}} \right) \\
&= 1 - \Phi(0.8) \\
&= 1 - 0.7881 \\
&= 0.2119.
\end{aligned}
$$

习题 4.6

1. 100 个独立工作(工作的概率为 0.9)的部件组成一个系统, 求系统中至少有 85 个部件工作的概率.

2. 每颗炮弹命中目标的概率为 0.01, 求 400 发炮弹命中 5 发的概率.

3. 对一名学生而言, 来参加家长会的家长人数是一个随机变量, 设一名学生无家长、一名家长、两名家长来参加会议的概率为 0.05, 0.8, 0.15, 若学校共有 400 名学生, 设各学生参加会议的家长数相互独立, 且服从同一分布.

求(1) 参加会议的家长数 X 超过 450 的概率.

(2) 有一名家长来参加会议的学生数不超过 340 的概率.

总习题 4

1. (2013, 数三)设随机变量 X 服从标准正态分布 $X \sim N(0,1)$, 则 $E(Xe^{2X}) = $ _____.

2. (2014, 数一)设连续型随机变量 X_1, X_2 相互独立, 且方差均存在, X_1, X_2 的概率密度分别为 $f_1(x)$, $f_2(x)$, 随机变量 Y_1 的概率密度为 $f_{Y_1}(y) = \frac{1}{2}(f_1(y)+f_2(y))$, 随机变量 $Y_2 = \frac{1}{2}(X_1+X_2)$, 则 (　　).

(A) $EY_1 > EY_2$, $DY_1 > DY_2$,

(B) $EY_1 = EY_2$, $DY_1 = DY_2$,

(C) $EY_1 = EY_2$, $DY_1 < DY_2$,

(D) $EY_1 = EY_2$, $DY_1 > DY_2$.

3. (2009, 数一)设随机变量 X 的分布函数为 $F(x) = 0.3\Phi(x) + 0.7\Phi\left(\frac{x-1}{2}\right)$, 其中 $\Phi(x)$ 是标准正态分布的分布函数, 则 $EX = ($ 　 $)$

(A) 0, 　(B) 0.3, 　(C) 0.7, 　(D) 1.

4. (2008, 数一)设随机变量 X 服从参数为 1 的泊松分布, 则 $P\{X = EX^2\} = $ _____.

5. (2010, 数一)设随机变量 X 的概率分布为 $P\{X = k\} = \frac{C}{k!}$, $k = 0, 1, 2, \cdots$, 则 $EX^2 = $ _____.

6. (2004, 数一)设随机变量 X 服从参数为 λ 的指数分布, 则 $P\{X > \sqrt{DX}\} = $ _____.

7. (2011, 数一)设随机变量 X 与 Y 相互独立, 且 $E(X)$ 与 $E(Y)$ 存在, 记 $U = \max\{X, Y\}$, $V = \min\{X, Y\}$ 则 $E(UV) = ($ 　 $)$

(A) $E(U) \cdot E(V)$, 　　　(B) $E(X) \cdot E(Y)$,

(C) $E(U) \cdot E(Y)$, 　　　(D) $E(X) \cdot E(V)$.

8. 一台设备由三大部件构成, 在设备运转的过程中各部件需要维护的概率分别为 0.1, 0.2, 0.3. 假设各部件的状态都是相互独立的, 以 X 表示同时需要调整的部件数, 求 $E(X)$.

9. (2003, 数一)已知甲、乙两箱中装有同种产品, 其中甲箱中装有 3 件合格品和 3 件次品, 乙箱中仅装有 3 件合格品. 从甲箱中任取 3 件产品放入乙箱后, 求:

(1) 乙箱中次品件数 X 的数学期望;

(2) 从乙箱中任取一件产品是次品的概率.

10. (2015, 数一)设随机变量 X 的概率密度为 $f(x) = \begin{cases} 2^{-x}\ln 2, & x > 0, \\ 0, & x \leq 0. \end{cases}$ 对 X 进行独立重复的观测, 直到第 2 个大于 3 的观测值出现时停止. 记 Y 为观测次数.

(1) 求 Y 的概率分布;

(2) 求 EY.

11. 设二维随机变量 (X, Y) 在区域 $D = \{(x,y) \mid 0 < x < 1, \mid y \mid < x\}$ 上服从均匀分布, 求(1) $E(XY)$; (2) $E(X)$; (3) $E(-3X^2 - 5Y)$.

12. 设二维随机变量 (X, Y) 的分布律为

X \ Y	0	1
-1	0.25	0
0	0	0.5
1	0.25	0

求（1）$E(X)$；（2）$D(X)$；（3）$\text{Cov}(X,Y)$；（4）判断 X 和 Y 是否相互独立；（5）判断 X 和 Y 是否相关.

13. 设二维随机变量 (X,Y) 的概率密度为

$$f(x,y)=\begin{cases}6, & 0<x^2<y<x<1,\\ 0, & \text{其他},\end{cases}$$

（1）求 $\text{Cov}(X,Y)$；（2）判断 X 和 Y 是否相互独立；（3）判断 X 和 Y 是否相关.

14.（2010，数三）箱中装有 6 个球，其中红、白、黑球个数分别为 1，2，3 个，现从箱中随机地取出 2 个球，记 X 为取出红球的个数，Y 为取出白球的个数.

（1）求随机变量 (X,Y) 的概率分布；

（2）求 $\text{cov}(X,Y)$.

15. 假设随机变量 X 和 Y 相互独立，且服从同一个正态分布：$N(\mu,\sigma^2)$，令 $Z_1=\alpha X+\beta Y$，$Z_2=\alpha X-\beta Y$（其中 α,β 为不为零的常数），求 ρ_{Z_1,Z_2}.

5

第 5 章
统计量及其分布

数理统计诞生于 19 世纪末 20 世纪初,是具有广泛应用的一个数学分支. 它以概率论为理论基础,研究怎么有效地收集、整理、分析所获得的有限的数据,对所观察的问题尽可能做出精确而可靠的推断. 本章我们将介绍数理统计中的基本概念,着重介绍几个常用的统计量及其抽样分布.

5.1 数理统计的基本概念

5.1.1 总体和样本

为了使大家对统计的研究对象有初步认识,下面先看 5 个例子.

例 5.1.1 某厂生产某种规格的灯泡,现从中任意挑选若干个灯泡进行寿命试验,检验该厂生产的灯泡质量是否合格.

例 5.1.2 某药厂生产某种中药丸,现从中随机抽取若干粒药丸进行有效期试验,检验这天生产的药丸是否合格.

例 5.1.3 某大学从该校学生中随机抽取 100 人,调查他们平均每天参加体育锻炼的时间,检验学生的体育锻炼时间是否达标.

例 5.1.4 某饮料店新研发一款饮品,现从某天中随机抽出 200 名顾客进行调查,研究消费者对该款饮品的喜好程度.

例 5.1.5 某国进行总统大选,从所有的合法选民中随机抽出一部分进行民意测验,评估候选人 A 获胜的机会.

发现上面五个例子有几个共同特点:首先都涉及经济、社会现象,在例 5.1.1 中是某天生产的灯泡的寿命,在例 5.1.2 中是某天生产的中药丸的有效期,在例 5.1.3 中是某大学学生的体育锻炼时间,在例 5.1.4 中是某天消费者对该款饮品的喜好程度,在例 5.1.5 中是某国所有合法选民意向;其次,它们都有相应的数字特征,称之为统计指标,可以是数,也可以是向量,或者是定性指标的量化. 如,在例 5.1.4 中消费者对该款饮品的喜好程度是定性指标,可以将其量化为:喜欢喝的标记为 1,不喜欢喝的标记为-1,持中立态度的标记为 0. 在例 5.1.5 中选举意向是定性指标,但是我们可以将其量化为:支持 A 的标记为 1,不支持 A 的标记为-1,弃权的标记为 0.

类似的例子在现实生活中是普遍存在的,统计的研究对象是大量社会经济和自然现象的一定总体的数量特征及数量关系. 也就是说,构成统计研究对象的必须是"大量"的现象,而且统计研究的不是现象本身而是现象所反映的具有客观性的数量特征或统计指标. 正是由于统计研究对象所具有的以上特征,使得统计的应用范围非常广泛,覆盖了涉及社会、经济、自然科学的几乎所有领域.

在统计中,经常会用到总体和样本这两个基本概念.

> **定义 5.1** **总体**是统计问题中所研究对象的全体,总体中的每个对象称为**个体**.

例如在例 5.1.1 中,某天生产的全部灯泡就是总体,每一个灯泡就是个体;在例 5.1.2 中,该药厂某天生产的全部药丸就是总体,每一粒药丸就是个体;在例 5.1.3 中,某大学的全体学生就是总体,每一名学生就是个体;在例 5.1.4 中,该饮料店某日的全体顾客就是总体,每一名顾客就是个体;在例 5.1.5 中,该选举年全体合法选民就是总体,每一个选民就是个体.

由于统计的研究对象不是现象本身而是现象所表征的数量特征或统计指标,因此可以把总体和统计指标等同起来,而个体就是统计指标的特定观察,如在例 5.1.1 中某天生产的灯泡的寿命看作是总体,每一个灯泡的使用寿命看作是一个个体,在例 5.1.4 中顾客对饮料的喜好程度(已定量化)看作是总体,每一名顾客对饮料喜好程度看作是一个个体.

由于统计学的研究对象具有随机性,因此可以将表征现象的统计指标看成是一个随机变量(或随机向量),而随机变量的分布就称为总体的分布,每个个体就对应着统计指标的一个特定观测值.

在统计推断领域中,观测组成总体的所有观测值集合是不可能或不切实际的,往往需要付出一定的人力、物力和财力,而有些试验或观测具有破坏性,例如观测某品牌灯泡的使用寿命的平均长短时, 如果有剩余的灯泡待销售, 那么去观测所有这种灯泡是不可能的, 因此, 通常只能从总体中抽取若干个体, 通过这些个体对总体做出推断.

> **定义 5.2**　从总体中抽取的待测个体组成的集合称为**样本**, 样本所包含的个体个数称为**样本容量**. 从总体 X 中抽取的个体 X_1, X_2, $\cdots$, X_n, 其中 n 称为样本容量, 这里每一个 $X_i(1 \leqslant i \leqslant n)$ 都是一个随机变量, 第 i 个被抽到的个体 X_i 具有随机性, 其取值在观测前是无法知道的. 样本 X_1, X_2, $\cdots$, X_n 的一组特定的观测值 x_1, x_2, $\cdots$, x_n 称为**样本观测值**, 简称为**样本值**.

一个样本是一个总体的子集, 它是从总体中按一定规则抽出的一部分个体, 这里的"一定规则"保证从总体中每一个个体都有同等机会被抽到. 在总体中抽取样本的过程称之为抽样. 一般来说, 每个样本与总体具有相同的分布, 但若还要求各样本之间相互独立, 则称为**简单随机样本**. 所以, 简单随机样本就是独立同分布的样本. 若无特殊声明, 本书所涉及的样本都是指简单随机样本, 简称为样本.

例 5.1.6　袋子里有 n 个球, 其中 $n\theta$ 个白球, $n(1-\theta)$ 个红球, $0<\theta<1$ 未知. 现分别用有放回和无放回两种方法从中随机抽取 m 个球. 定义

$$X_i = \begin{cases} 1, & \text{第 } i \text{ 次抽取为白球,} \\ 0, & \text{第 } i \text{ 次抽取为红球,} \end{cases} (1 \leqslant i \leqslant m)$$

则 X_1, X_2, $\cdots$, X_m 为样本.

在有放回时, X_1, X_2, $\cdots$, X_m 是独立同分布, 分布是参数为 θ 的两点分布, 则样本的联合分布:

$$P(X_1 = x_1, X_2 = x_2, \cdots, X_m = x_m) = \theta^{\sum\limits_{i=1}^{m} x_i} (1-\theta)^{m - \sum\limits_{i=1}^{m} x_i}.$$

在无放回时, X_1, X_2, $\cdots$, X_m 是具有相同分布但不独立的, 则样本的联合分布:

$$P(X_1 = x_1, X_2 = x_2, \cdots, X_m = x_m) = \frac{\dbinom{n\theta}{t}\dbinom{n(1-\theta)}{m-t}}{\dbinom{n}{m}} \quad \left(t = \sum_{i=1}^{m} x_i\right).$$

通过上例可以看出对于同一个总体, 不同的抽样方式, 样本的分布可以是不同的.

接下来看一个事例, 通过这个事例大家能够深入了解什么是统计学.

二次世界大战中,英国与德国的空战尤为激烈,英军为了提高战斗力,急需找到英军战机的防护薄弱区进行加固,于是空军司令向统计学家瓦尔德寻求帮助. 瓦尔德经过探索,和助手拿飞机模型到机场,查看从空战中返航军机受敌军创伤的弹孔的位置,并在飞机模型上逐个不重不漏地标示出返航的军机受敌军创伤的弹孔的位置. 几天后,飞机模型上几乎布满了有弹孔的区域(因为没有弹孔区域被击中的飞机都没有返航,有弹孔区域被击中的飞机照样返航,故没有弹孔区域是军机的危险区域),于是他提议,把剩下少数几个没有弹孔的区域加固(这和之前哪里有弹孔就加固哪里的传统做法完全不一样). 于是按此方法加固了飞机,在最近一次空战后,英军取得了空战的胜利.

瓦尔德用统计学方法找到了危险区,使英军取得空战的胜利. 通过这个事例可以知道,统计学是收集处理分析解释数据,以便更好决策的一门方法论学科.

数据是反映客观事物的特征及其表现,是统计学的研究对象. 当其表现是非数值时,是定性数据,如飞行员的姓名、性别等;当其表现是数值时,是数量数据,如飞机的弹孔位置等;当其表现是图像时,是图像数据,如飞机模型上布满了弹孔的区域等;当其表现是声音时,是声音数据,如飞机的轰鸣声等分析数据的方法有描述统计、推断统计.

如事例中,"瓦尔德在他的飞机模型上逐个不重不漏地标示从空战中返航军机受敌军创伤的弹孔位置,几天后,飞机模型上几乎布满了有弹孔的区域"是描述统计及其结果. 描述统计是将所收集的数据处理后,用数值、表格或图形形式表现的有用信息,"飞机模型上没有弹孔的区域是军机的防护薄弱区域"是推断统计及其结果. 英军所有军机称为总体,总体的部分称为样本,推断统计就是根据样本数据特征去估计或检验总体的数据特征. 事例的调查有特殊性:所掌握的数据只有样本数据从空战中返航军机受敌军创伤的弹孔位置,这里的调查是破坏性的,不可能对总体的所有个体都进行观察和实验取得结果,而我们所需要的是总体的数据特征——英军所有军机空战中的防护薄弱区域. 这时必须用推断统计来解决问题,这是现代统计学的主要内容.

5.1.2 样本数据的处理方法

上小节介绍了总体和样本的概念,它们是数理统计中的两个基本概念. 由于样本来自于总体,故带有总体的信息,因此可以从这些信息中出发去研究总体的某些特征. 此外,用样本研究总体可以省人力、物力、财力（尤其是对具有破坏性的抽样试验而言）. 称由总体的一个样本对总体的分布进行推断的问题为统计推断问题.

在实际问题中，总体的分布往往是未知的，或者是只知道总体分布所属的类型，但分布中含有未知参数. 而统计推断就是利用样本分布信息对总体的分布类型、未知参数进行估计和推断. 那么，下面就介绍利用样本频率分布表、频率直方图、样本分布函数（也称经验分布函数）来近似描述总体分布的方法.

1. 样本频率分布表

在研究离散型随机变量 X 的分布时，通常需要做出样本的频率分布表. 设总体 X 的一组样本观测值为 $x_1, x_2, \cdots, x_n$，我们把样本观测值中不同数值在样本观测值中出现的频数（即次数）称为样本频数分布；把样本观测值中不同数值在样本观测值中出现的频率（即频数除以样本容量）称为**样本频率分布**.

现将样本观测值中不同的值记为 $x_1', x_2', \cdots, x_k'$，对应的频数为 $n_1, n_2, \cdots, n_k$，且 $x_1' < x_2' < \cdots < x_k'$，$\sum_{i=1}^{k} n_i = n$，则样本频数分布如表 5.1.1 表示，样本频率分布可用表 5.1.2 表示.

表　5.1.1

指标 X	x_1'	x_2'	$\cdots$	x_k'
频数 n_i	n_1	n_2	$\cdots$	n_k

表　5.1.2

指标 X	x_1'	x_2'	$\cdots$	x_k'
频率 $\dfrac{n_i}{n}$	$\dfrac{n_1}{n}$	$\dfrac{n_2}{n}$	$\cdots$	$\dfrac{n_k}{n}$

例 5.1.7　从某大学 1500 名大一新生中随机选出 15 名学生，调查他们的年龄，得到样本观测值 17，17，18，19，19，19，18，17，20，20，18，19，19，16，17，则样本频数分布为

指标 X	16	17	18	19	20
频数 n_i	1	4	3	5	2

样本频率分布为

指标 X	16	17	18	19	20
频率 $\dfrac{n_i}{n}$	$\dfrac{1}{15}$	$\dfrac{4}{15}$	$\dfrac{3}{15}$	$\dfrac{5}{15}$	$\dfrac{2}{15}$

设事件 $\{X=x_i'\}$ 的概率为 $P\{X=x_i'\}=p_i$，则由伯努利大数定理知，当 n 很大时，频率 $\dfrac{n_i}{n}$ 应该近似于概率 p_i，因此当 n 很大时，可以用样本频率分布近似总体的分布律. 若总体 X 为连续型随机变量，那么事件 $\{X=x_i'\}$ 的概率为零，因此，考察样本的频率分布就没有意义了，而我们需要用样本的频率直方图来近似描述总体的分布.

2. 频率直方图

设总体 X 为连续型随机变量，概率密度为 $f(x)$，设 x_1，x_2，$\cdots$，x_n 是来自总体的一组样本观测值. 下面通过一个例子介绍如何用频率直方图近似总体 X 的概率密度曲线 $y=f(x)$.

例 5.1.8   对某次单科统一考试试卷随机抽取 70 份，其成绩如下：

57,58,61,63,65,66,67,67,68,68,70,71,71,71,72,72,
72,72,73,73,74,74,75,75,75,76,76,76,77,77,77,77,
78,78,78,79,79,79,79,79,79,79,80,80,80,80,80,80,
81,81,81,82,82,84,84,84,84,85,85,85,85,87,87,88,
88,88,90,90,93,94.

为获得考试试卷的得分情况，可按下面步骤对样本观测值进行处理：

（1）先将样本观测值 x_1，x_2，$\cdots$，x_n 按由小到大的顺序进行排序，即

$$x_{(1)} \leqslant x_{(2)} \leqslant \cdots \leqslant x_{(n)}.$$

选取略小于 $x_{(1)}$ 的数 a 和略大于 $x_{(n)}$ 的数 b，在本例中 $n=70$，$x_{(1)}=57$，$x_{(n)}=94$，$a=55.5$，$b=95.5$.

（2）根据样本容量确定组数，若样本容量小，则分的组数少些；若样本容量大，则分的组数多些. 一般来说组数取 7～15. 在本例中可以取组数 $k=8$，采用等分（即使得各个区间的长度相等），则有

$$h_i=\frac{b-a}{k}=5\,(i=1,2,\cdots,8).$$

（3）用 n_i 表示落在第 i 个区间 (t_{i-1},t_i) 内的频数（注分点 t_i 应比样本观测值多取一位小数），则 $f_i=\dfrac{n_i}{n}$ 为该组的频率. 记 $y_i=\dfrac{f_i}{h_i}$，将整理的数据列成表. 本例的分组频率分布表如表 5.1.3 所示.

表 5.1.3

分组	组中值	频数 n_i	频率 f_i	y_i
$(55.5, 60.5)$	58	2	0.029	0.006
$(60.5, 65.5)$	63	3	0.043	0.009
$(65.5, 70.5)$	68	6	0.086	0.017
$(70.5, 75.5)$	73	14	0.2	0.04
$(75.5, 80.5)$	78	23	0.329	0.066
$(80.5, 85.5)$	83	13	0.186	0.037
$(85.5, 90.5)$	88	7	0.1	0.02
$(90.5, 95.5)$	93	2	0.029	0.006

(4) 在 x 轴上点出各个分点 t_i,并以各区间 (t_{i-1}, t_i),以 $y_i = \dfrac{f_i}{h_i}$ 为高画小矩形,就得到频率直方图. 本例的直方图如图 5.1.1 所示.

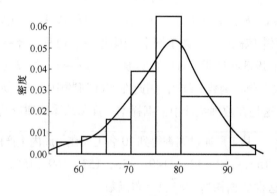

图 5.1.1 直方图

当样本容量 n 充分大时,由大数定律,总体 X 落在第 i 个区间 (t_{i-1}, t_i) 的频率近似等于其概率,即

$$f_i \approx P\{t_{i-1} < X < t_i\} = \int_{t_{i-1}}^{t_i} f(x)\,\mathrm{d}x = f(\xi_i)h_i, \xi_i \in (t_{i-1}, t_i). \quad (5.1.1)$$

又因为 $f_i = y_i h_i$,所以

$$y_i \approx f(\xi_i), \xi_i \in (t_{i-1}, t_i). \quad (5.1.2)$$

所以直方图可以大致反映总体 X 的概率分布,也就是说可以用直方图估计概率.

(5) 将直方图中的各小矩形上边的中点连接起来得到一条折线. 由式 (5.1.2),当 n 与 k 充分大时,这条折线就近似于总体 X

的密度曲线 $f(x)$. 因此,有了直方图可以粗略地给出一条光滑曲线作为 X 的密度曲线. 本例由频率直方图提供的密度曲线如图 5.1.1 所示.

3. 经验分布函数

> **定义 5.3**　设总体 X 的分布函数为 $F(x)$,x_1,x_2,$\cdots$,x_n 是来自总体 X 的一组样本观测值,将其按从小到大的顺序进行排列,记为 $x_{(1)} \leqslant x_{(2)} \leqslant \cdots \leqslant x_{(n)}$. 对任意实数 x,定义函数
>
> $$F_n(x) = \begin{cases} 0, & x < x_{(1)}, \\ \vdots \\ \dfrac{k}{n}, & x_{(k)} \leqslant x < x_{(k+1)}, \\ \vdots \\ 1, & x \geqslant x_{(n)} \end{cases}$$
>
> 为总体 X 的**经验分布函数(样本分布函数)**.

不难看出,$F_n(x)$ 具有分布函数的基本性质:单调不减;右连续;$0 \leqslant F_n(x) \leqslant 1$,$F_n(-\infty) = 0$,$F_n(+\infty) = 1$. 当样本容量 n 很大时,由大数定律,频率依概率 1 收敛于概率,因此,$F_n(x)$ 称为经验分布函数. 格里汶科在 1933 年证明了对任意实数 x,当 $n \to \infty$ 时,$F_n(x)$ 以概率 1 一致收敛于分布函数 $F(x)$,因此在实际问题中,可将 $F_n(x)$ 看成是 $F(x)$,这是在数理统计中依据样本来推断总体的理论基础.

例 5.1.9　某工厂通过调查得到 10 名工人在一周内生产的产品数:

149,156,160,138,149,153,153,169,156,156.

试写出由这批数据构造的经验分布函数.

解　样本容量 $n = 10$. 将数据从小到大排列得

138,149,149,153,153,156,156,156,160,169,

则经验分布函数为

$$F_n(x) = \begin{cases} 0, & x < 138, \\ 1/10, & 138 \leqslant x < 149, \\ 3/10, & 149 \leqslant x < 153, \\ 5/10, & 153 \leqslant x < 156, \\ 8/10, & 156 \leqslant x < 160, \\ 9/10, & 160 \leqslant x < 169, \\ 1, & x \geqslant 169. \end{cases}$$

其图形如图 5.1.2 所示.

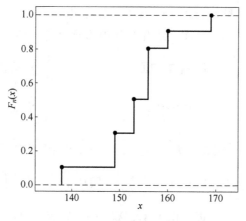

图 5.1.2　经验分布函数

习题 5.1

1. 为了了解统计学专业本科毕业生的就业情况, 我们调查了某地区 50 名 2008 年毕业的统计学专业本科生实习期满后的月薪情况.

（1）什么是总体？（2）什么是样本？（3）样本容量是多少？

2. 随机观测总体 X, 得到容量为 8 的样本值:

-2, 2.5, 0, 2, 3, 2.5, 2, 4.

求 X 的经验分布函数.

3. 对某元件进行寿命调查, 情况如下:

寿命(h)	$100 \sim 200$	$200 \sim 300$	$300 \sim 400$	$400 \sim 500$	$500 \sim 600$
个数	20	30	80	40	30

列出频率分布表；画出频率直方图, 并估计元件寿命在 100~300h 内的概率.

5.2　统计量

5.2.1　常用统计量

样本来自于总体, 样本中带总体的信息, 因此我们用样本推断总体, 但是在实际问题中, 往往是针对具体问题构造样本的适当函数, 利用这些样本的函数推断总体的某些特征.

定义 5.4　设 X_1, X_2, $\cdots$, X_n 是来自于总体 X 的一个样本, x_1, x_2, $\cdots$, x_n 是来自总体 X 的一组样本观测值, $g(x_1, x_2, \cdots, x_n)$ 是 n 元连续函数, 且不含有未知参数, 则称 $g(X_1, X_2, \cdots, X_n)$ 是一个**统计量**.

例如, 设 X_1, X_2, $\cdots$, X_n 是来自正态总体分布 $N(\mu, \sigma^2)$ 的一个样本, 其中 μ, σ^2 是未知的参数, 则 $\dfrac{1}{n}(X_1 + X_2 + \cdots + X_n)$ 是统计

量，而 $X_1 + X_2 - \mu$ 不是统计量.

下面介绍几个常用的统计量.

1. 样本均值： $\bar{X} = \dfrac{1}{n} \sum_{i=1}^{n} X_i$；

其观测值： $\bar{x} = \dfrac{1}{n} \sum_{i=1}^{n} x_i.$

例 5.2.1 X_1，X_2，$\cdots$，X_n 是来自正态总体 $N(\mu, \sigma^2)$ 的一个样本，则有 $\bar{X} = \dfrac{1}{n} \sum_{i=1}^{n} X_i$ 服从正态分布 $N\left(\mu, \dfrac{\sigma^2}{n}\right)$.

证 由于 X_1，X_2，$\cdots$，X_n 是来自正态总体分布 $N(\mu, \sigma^2)$ 的一个样本，所以 X_i 相互独立，$X_i \sim N(\mu, \sigma^2)$，$\bar{X} = \dfrac{1}{n} \sum_{i=1}^{n} X_i$ 是 X_1，X_2，$\cdots$，X_n 的线性函数，故 $\bar{X} = \dfrac{1}{n} \sum_{i=1}^{n} X_i$ 服从正态分布，因为 $E(X_i) = \mu$，$D(X_i) = \sigma^2$，所以 $E(\bar{X_i}) = E\left(\dfrac{1}{n} \sum_{i=1}^{n} X_i\right) = \dfrac{1}{n} \sum_{i=1}^{n} E(X_i) = \mu$，$D(\bar{X_i}) = D\left(\dfrac{1}{n} \sum_{i=1}^{n} X_i\right) = \dfrac{1}{n^2} \sum_{i=1}^{n} D(X_i) = \dfrac{\sigma^2}{n}$，

故 $\bar{X} \sim N\left(\mu, \dfrac{\sigma^2}{n}\right)$.

2. 样本方差： $S^2 = \dfrac{1}{n-1} \sum_{i=1}^{n} (X_i - \bar{X})^2 = \dfrac{1}{n-1}\left(\sum_{i=1}^{n} X_i^2 - n\bar{X}^2\right)$；其观测值 $s^2 = \dfrac{1}{n-1} \sum_{i=1}^{n} (x_i - \bar{x})^2 = \dfrac{1}{n-1}\left(\sum_{i=1}^{n} x_i^2 - n\bar{x}^2\right)$.

3. 样本标准差：

$$S = \sqrt{S^2} = \sqrt{\dfrac{1}{n-1} \sum_{i=1}^{n} (X_i - \bar{X})^2} = \sqrt{\dfrac{1}{n-1}\left(\sum_{i=1}^{n} X_i^2 - n\bar{X}^2\right)};$$

其观测值： $s = \sqrt{s^2} = \sqrt{\dfrac{1}{n-1} \sum_{i=1}^{n} (x_i - \bar{x})^2}$

$$= \sqrt{\dfrac{1}{n-1}\left(\sum_{i=1}^{n} x_i^2 - n\bar{x}^2\right)}.$$

4. 样本 k 阶原点矩： $A_k = \dfrac{1}{n} \sum_{i=1}^{n} X_i^k, k = 1, 2, \cdots,$

其观测值 $a_k = \dfrac{1}{n} \sum_{i=1}^{n} x_i^k, k = 1, 2, \cdots.$

由格力汶科定理知经验分布依概率收敛于总体分布函数，同样可以证明，若总体的 k 阶矩存在，则样本的 k 阶矩依概率收敛于总体的 k 阶矩.

5. 样本 **k** 阶中心矩：$B_k = \dfrac{1}{n}\sum\limits_{i=1}^{n}(X_i - \overline{X})^k, k = 1,2,\cdots,$

其观测值：$b_k = \dfrac{1}{n}\sum\limits_{i=1}^{n}(x_i - \overline{x})^k, k = 1,2,\cdots,$

6. 样本的最大值和样本的最小值：$X_{(n)} = \max(X_1, X_2, \cdots, X_n)$；

$X_{(1)} = \min(X_1, X_2, \cdots, X_n)$；

对应的观测值：$x_{(n)} = \max(x_1, x_2, \cdots, x_n)$；

$x_{(1)} = \min(x_1, x_2, \cdots, x_n)$.

例 5.2.2　某厂生产的灯泡的使用寿命为 $X \sim N(2500, 250^2)$，现从中任意挑选若干灯泡进行质量检测，如果挑选的灯泡的平均寿命超过 2450（单位：h），就认为质量合格，若要使检查通过的概率超过 99%，至少应检查多少个灯泡？

解　由题知 $\overline{X} \sim N\left(2500, \dfrac{250^2}{n}\right)$，

$$P\{\overline{X} > 2450\} = 1 - P\{\overline{X} \leqslant 2450\} = 1 - P\left\{\dfrac{\overline{X} - 2500}{250/\sqrt{n}} \leqslant \dfrac{-50}{250/\sqrt{n}}\right\}$$

$$= 1 - \Phi(-0.2\sqrt{n}),$$

要是 $P\{\overline{X} > 2450\} \geqslant 0.99$，则有 $1 - \Phi(-0.2\sqrt{n}) \geqslant 0.99$.

查标准正态分布表得

$$\Phi(2.33) = 0.99,$$

由于 $\Phi(x)$ 单调增加，所以应有 $0.2\sqrt{n} \geqslant -2.33$，即 $\sqrt{n} \geqslant 11.65$，所以至少应检查 136 个灯泡.

5.2.2　抽样分布

统计量是随机变量，它的分布称为抽样分布. 研究抽样分布是统计推断的一项十分重要的内容. 本小节我们主要介绍正态总体下的抽样分布. 由于证明过程需要较多的知识，我们主要给出结论.

首先介绍由正态分布导出的统计中的三个重要分布，即 χ^2 分布，t 分布，F 分布.

1. χ^2 分布

定义 5.5　$(X_1, X_2, \cdots, X_n)$ 是来自标准正态分布的一个样本，称随机变量

$$\chi^2 = X_1^2 + X_2^2 + \cdots + X_n^3$$

的分布为自由度为 n 的 $\boldsymbol{\chi^2}$ **分布**，记为 $\chi^2 \sim \chi^2(n)$.

可以证明若 $\chi^2 \sim \chi^2(n)$，则 $E(\chi^2) = n$，$D(\chi^2) = 2n$.

χ^2 分布的密度函数的图像如图 5.2.1 所示.

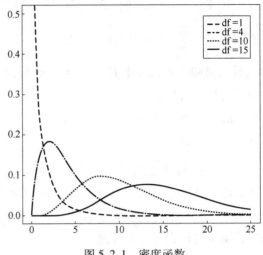

图 5.2.1　密度函数

　　图 5.2.1 画出了 $n=1$，4，10，15 的 $\chi^2(n)$ 分布的概率密度曲线. 从图中可以看出，当自由度 n 增大时，$\chi^2(n)$ 分布的密度函数的图像逐渐接近正态分布的密度曲线.

2. t 分布

定义 5.6　$X \sim N(0,1)$，$Y \sim \chi^2(n)$，且 X 和 Y 相互独立，则称随机变量

$$T = \frac{X}{\sqrt{Y/n}}$$

服从自由度为 n 的 **t 分布**(又称**学生氏分布**)，记为 $T \sim t(n)$.
$t(n)$ 分布的密度函数图形如图 5.2.2 所示.

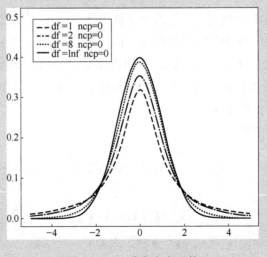

图 5.2.2　t 分布密度函数

注意到 t 分布关于 $x=0$ 对称. 且当 n 很大时，t 分布近似标准正态分布 $N(0,1)$，一般地，当 $n>30$ 时，t 分布与 $N(0,1)$ 就非常接近.

3. F 分布

定义 5.7　$X \sim \chi^2(m)$，$Y \sim \chi^2(n)$，且 X 和 Y 相互独立，称随机变量

$$F = \frac{X/m}{Y/n}$$

服从第一自由度为 m，第二自由度为 n 的 **F 分布**，记为 $F \sim F(m,n)$. F 分布的密度函数图形如图 5.2.3 所示.

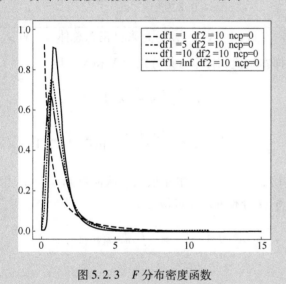

图 5.2.3　F 分布密度函数

F 分布的密度曲线不对称；若 $F \sim F(m,n)$，则 $\dfrac{1}{F} \sim F(n,m)$；若 $T \sim t(n)$，则 $T^2 \sim F(1,n)$.

4. 正态总体的抽样分布

定理 5.1　设 $(X_1, X_2, \cdots, X_n)$ 是来自正态总体 $X \sim N(\mu, \sigma^2)$ 的一个样本，我们有

（ⅰ）$\overline{X} \sim N\left(\mu, \dfrac{\sigma^2}{n}\right)$；

（ⅱ）$\overline{X}$ 与 $S^2 = \dfrac{1}{n-1} \sum_{i=1}^{n} (X_i - \overline{X})^2$ 相互独立；

（ⅲ）$\dfrac{(n-1)S^2}{\sigma^2} \sim \chi^2(n-1)$.

（证明从略）.

该定理是正态总体统计推断的基础，我们称定理 5.2.1 为**抽样基本定理**.

例 5.2.3   设总体 $X \sim N(52, 6.3^2)$，随机抽取容量为 36 的样本，求样本均值 $\overline{X}$ 在 50.8 和 53.8 之间的概率.

解   由 $X \sim N(52, 6.3^2)$，知 $\overline{X} \sim N\left(52, \left(\dfrac{6.3}{6}\right)^2\right)$，故

$$P(50.8 < \overline{X} < 53.8) = P\left(\frac{-1.2}{6.3/6} < \frac{\overline{X}-52}{6.3/6} < \frac{1.8}{6.3/6}\right)$$

$$= \varPhi(1.71) + \varPhi(1.14) - 1 = 0.9564 + 0.8729 - 1$$

$$= 0.8293.$$

例 5.2.4   设 $(X_1, X_2, \cdots, X_n)$ 是来自正态总体 $X \sim N(\mu, \sigma^2)$ 的一个样本，样本均值和样本方差分别为 $\overline{X}$ 和 S^2，则

$$t = \frac{\overline{X} - \mu}{S}\sqrt{n} \sim t(n-1).$$

证明   令 $u = \dfrac{\overline{X} - \mu}{\sigma}\sqrt{n}$，$\chi^2 = \dfrac{(n-1)S^2}{\sigma^2}$，由定理 5.2.1 知 $u \sim N(0,1)$，$\chi^2 \sim \chi^2(n-1)$，且 $\overline{X}$ 与 S^2 相互独立，从而可知 u 与 χ^2 相互独立，由定义 5.6，t 分布的定义可得

$$T = \frac{u}{\sqrt{\dfrac{\chi^2}{n-1}}} = \frac{\overline{X} - \mu}{S}\sqrt{n} \sim t(n-1).$$

例 5.2.5   设 $(X_1, X_2, \cdots, X_m)$ 是来自正态总体 $X \sim N(\mu_1, \sigma_1^2)$ 的一个样本，$(Y_1, Y_2, \cdots, Y_n)$ 是来自正态总体 $Y \sim N(\mu_2, \sigma_2^2)$ 的一个样本，且这两个样本相互独立，则

$$F = \frac{\sigma_2^2}{\sigma_1^2} \cdot \frac{n-1}{m-1} \cdot \frac{\displaystyle\sum_{i=1}^{m}(X_i - \mu_1)^2}{\displaystyle\sum_{j=1}^{n}(Y_j - \mu_2)^2} \sim F(m-1, n-1).$$

证明   由定理 5.2.1 知，$\chi_1^2 = \dfrac{1}{\sigma_1^2}\displaystyle\sum_{i=1}^{m}(X_i - \mu_1)^2 \sim \chi^2(m-1)$，

$$\chi_2^2 = \frac{1}{\sigma_2^2}\sum_{j=1}^{n}(X_j - \mu_2)^2 \sim \chi^2(n-1).$$

由题知 X 和 Y 相互独立，所以由 F 分布的定义可知

$$F = \frac{\chi_1^2/(m-1)}{\chi_2^2/(n-1)} = \frac{\sigma_2^2}{\sigma_1^2} \cdot \frac{n-1}{m-1} \cdot \frac{\displaystyle\sum_{i=1}^{m}(X_i - \mu_1)^2}{\displaystyle\sum_{j=1}^{n}(Y_j - \mu_2)^2} \sim F(m-1, n-1).$$

例 5.2.6　设 $(X_1, X_2, \cdots, X_m)$ 是来自正态总体 $X \sim N(\mu_1, \sigma_1^2)$ 的一个样本，$(Y_1, Y_2, \cdots, Y_n)$ 是来自正态总体 $Y \sim N(\mu_2, \sigma_2^2)$ 的一个样本，且这两个样本相互独立，$\overline{X}$ 和 $\overline{Y}$ 为样本均值，S_1^2 和 S_2^2 为样本方差，当 $\sigma_1^2 = \sigma_2^2 = \sigma^2$ 时，则

$$T = \frac{(\overline{X} - \overline{Y}) - (\mu_1 - \mu_2)}{\sqrt{(m-1)S_1^2 + (n-1)S_2^2}} \sqrt{\frac{mn(m+n-2)}{m+n}} \sim t(m+n-2).$$

证明　由定理 5.2.1 的 (i) 知，$\overline{X} \sim N\left(\mu_1, \dfrac{\sigma^2}{m}\right)$，$\overline{Y} \sim N\left(\mu_2, \dfrac{\sigma^2}{n}\right)$，已知 X 和 Y 相互独立，所以 $\overline{X}$ 和 $\overline{Y}$ 也相互独立，从而有

$$\overline{X} - \overline{Y} \sim N\left(\mu_1 - \mu_2, \frac{\sigma^2}{m} + \frac{\sigma^2}{n}\right),$$

标准化后有，$\dfrac{\overline{X} - \overline{Y} - (\mu_1 - \mu_2)}{\sigma \sqrt{1/m + 1/n}} \sim N(0,1).$

由定理 5.2.1 的 (iii) 知，$\dfrac{(m-1)S_1^2}{\sigma^2} \sim \chi^2(m-1)$，

$\dfrac{(n-1)S_2^2}{\sigma^2} \sim \chi^2(n-1)$，且 S_1^2 和 S_2^2 相互独立，则由 χ^2 分布的可加性有

$$\frac{(m-1)S_1^2}{\sigma^2} + \frac{(n-1)S_2^2}{\sigma^2} \sim \chi^2(m+n-2),$$

再由 t 分布的定义有，

$$\frac{\overline{X} - \overline{Y} - (\mu_1 - \mu_2)}{\sigma \sqrt{1/m + 1/n}} \bigg/ \sqrt{\left[\frac{(m-1)S_1^2}{\sigma^2} + \frac{(n-1)S_2^2}{\sigma^2}\right]\bigg/(m+n-2)} \sim t(m+n-2).$$

记 $T = \dfrac{(\overline{X} - \overline{Y}) - (\mu_1 - \mu_2)}{\sqrt{(m-1)S_1^2 + (n-1)S_2^2}} \sqrt{\dfrac{mn(m+n-2)}{m+n}} \sim t(m+n-2).$

例 5.2.7　(2014 年，数学三) 设 X_1，X_2，X_3 为来自正态总体 $N(0, \sigma^2)$ 的简单随机样本，则统计量 $S = \dfrac{X_1 - X_2}{\sqrt{2}\,|X_3|} \sim t(1).$

证明　$S = \dfrac{X_1 - X_2}{\sqrt{2}\,|X_3|} = \dfrac{X_1 - X_2}{\sqrt{2}\sqrt{X_3^2}}$，由已知，有 $\dfrac{X_1 - X_2}{\sqrt{2}\,\sigma} \sim N(0,1)$，$\dfrac{X_3^2}{\sigma^2} \sim$

$\chi^2(1)$，且 $\dfrac{X_1 - X_2}{\sqrt{2}\,\sigma}$ 和 $\dfrac{X_3^2}{\sigma^2}$ 相互独立，从而

$$S = \frac{X_1 - X_2}{\sqrt{2}\,|X_3|} = \frac{X_1 - X_2}{\sqrt{2}\sqrt{X_3^2}} = \frac{\dfrac{X_1 - X_2}{\sqrt{2}\,\sigma}}{\sqrt{\dfrac{X_3^2}{\sigma^2}}} \sim t(1).$$

例 5.2.8   (2001 年，数学三)设总体 X 服从正态分布 $N(0,2^2)$，而 X_1，X_2，$\cdots$，X_{15} 是来自总体 X 的简单随机样本，则随机变量

$$Y = \frac{X_1^2 + X_2^2 + \cdots + X_{10}^2}{2(X_{11}^2 + X_{12}^2 + \cdots + X_{15}^2)} \sim F(10,5).$$

证明   由已知 $X_i \sim N(0,2^2)$，$i = 1$，2，$\cdots$，15，将其标准化有 $\dfrac{X_i}{2} \sim N(0,1)$，再由 χ^2 分布的定义

$$\left(\frac{X_1}{2}\right)^2 + \left(\frac{X_2}{2}\right)^2 + \cdots + \left(\frac{X_{10}}{2}\right)^2 \sim \chi^2(10),$$

$$\left(\frac{X_{11}}{2}\right)^2 + \left(\frac{X_{12}}{2}\right)^2 + \cdots + \left(\frac{X_{15}}{2}\right)^2 \sim \chi^2(5),$$

由样本的独立性可知，$\left(\dfrac{X_1}{2}\right)^2 + \left(\dfrac{X_2}{2}\right)^2 + \cdots + \left(\dfrac{X_{10}}{2}\right)^2$ 和 $\left(\dfrac{X_{11}}{2}\right)^2 + \left(\dfrac{X_{12}}{2}\right)^2 + \cdots + \left(\dfrac{X_{15}}{2}\right)^2$ 相互独立.

根据 F 分布的定义，

$$Y = \frac{X_1^2 + X_2^2 + \cdots + X_{10}^2}{2(X_{11}^2 + X_{12}^2 + \cdots + X_{15}^2)} = \frac{\dfrac{\left(\dfrac{X_1}{2}\right)^2 + \left(\dfrac{X_2}{2}\right)^2 + \cdots + \left(\dfrac{X_{10}}{2}\right)^2}{10}}{\dfrac{\left(\dfrac{X_{11}}{2}\right)^2 + \left(\dfrac{X_{12}}{2}\right)^2 + \cdots + \left(\dfrac{X_{15}}{2}\right)^2}{5}} \sim F(10,5).$$

习题 5.2

1. 设 X_1，X_2，$\cdots$，X_n 是从某总体 X 中抽取的一个样本，下面哪一个不是统计量？

(A) $\overline{X} = \dfrac{1}{n} \sum\limits_{i=1}^{n} X_i$

(B) $S^2 = \dfrac{1}{n} \sum\limits_{i=1}^{n} (X_i - \overline{X})^2$

(C) $\sum\limits_{i=1}^{n} (X_i - E(X))^2$

(D) $S^2 = \dfrac{1}{n-1} \sum\limits_{i=1}^{n} (X_i - \overline{X})^2$

2. 调节一个装瓶机使其对每个瓶子的灌装量均值为 μ 盎司，通过观察这台装瓶机对每个瓶子的灌装量服从标准差 $\sigma = 1.0$ 盎司的正态分布. 随机抽取由这台机器灌装的 9 个瓶子形成一个样本，并测定每个瓶子的灌装量. 试确定样本均值偏离总体均值不超过 0.3 盎司的概率.

3. Z_1，Z_2，$\cdots$，Z_6 表示从标准正态总体中随机抽取的容量 $n = 6$ 的一个样本，试确定常数 b，使得

$$P\left(\sum_{i=1}^{6} Z_i^2 \leqslant b \right) = 0.95.$$

4. 设 X_1，X_2，$\cdots$，X_n 是独立同分布的随机变量，且都服从 $N(0,\sigma^2)$，

试证：$\dfrac{1}{\sigma^2} \sum\limits_{i=1}^{n} X_i^2 \sim \chi^2(n).$

总习题 5

1. （2017 年，数一）设 X_1，X_2，$\cdots$，$X_n(n \geq 2)$ 是来自正态总体 $N(\mu, 1)$ 的简单随机样本，记 $\overline{X} = \dfrac{\sum\limits_{i=1}^{n} X_i}{n}$，则下列结论不正确的是

（A）$\sum\limits_{i=1}^{n} (X_i - \mu)^2$ 服从 χ^2 分布

（B）$2(X_n - X_1)^2$ 服从 χ^2 分布

（C）$\sum\limits_{i=1}^{n} (X_i - \overline{X})^2$ 服从 χ^2 分布

（D）$n(\overline{X} - \mu)^2$ 服从 χ^2 分布

2. （2015 年，数三）设总体 X 服从二项分布 $B(m, \theta)$，X_1，X_2，$\cdots$，X_n 为来自该总体的简单随机样本，$\overline{X}$ 为样本均值，则 $E\left[\sum\limits_{i=1}^{n} (X_i - \overline{X})^2\right] = ($　　$)$.

（A）$(m-1)n\theta(1-\theta)$

（B）$m(n-1)\theta(1-\theta)$

（C）$(m-1)(n-1)\theta(1-\theta)$

（D）$mn\theta(1-\theta)$

3. （2009 年，数三）设 X_1，X_2，$\cdots$，X_m 是来自二项分布总体 $B(n, p)$ 的简单随机样本，$\overline{X}$ 和 S^2 分别为样本均值和样本方差，记统计量 $T = \overline{X} - S^2$，则 $E(T) = $ _____ .

4. （2006 年，数三）设总体 X 的概率密度为 $f(x) = \dfrac{1}{2} e^{-|x|}$ （$-\infty < x < +\infty$），X_1，X_2，$\cdots$，X_n 为总体 X 的简单随机样本，其样本方差为 S^2，则 $E(S^2) = $ _____ .

5. 设随机变量 X 和 Y 相互独立且都服从正态分布 $N(0, 3^2)$，而 X_1，X_2，$\cdots$，X_9 和 Y_1，Y_2，$\cdots$，Y_9 分别是来自总体 X 和 Y 的简单随机样本，则统计量 $U = \dfrac{X_1 + X_2 + \cdots + X_9}{\sqrt{Y_1^2 + Y_2^2 + \cdots + Y_9^2}}$ 服从 _____ 分布.

6. 已知总体 $X \sim N(\mu, \sigma^2)$，其中 μ 已知，而 σ^2 未知，设 X_1，X_2，X_3，X_4 是取自总体 X 的样本. 试问下面哪些是统计量？

（1）$X_1 + X_2 + X_3 + X_4$；（2）$X_4 - 4\mu$；（3）$X_1^2 + \sigma^2$；（4）$X_1 + X_2 + 2\sigma$.

7. 设 $(-3, -2.5, -2, -1.2, 1.5, 1.5, 3.5)$ 是容量为 7 的一组样本观测值，试求其经验分布函数.

8. 设 X_1，X_2，$\cdots$，X_6 是来自正态总体 $N(0, 2^2)$ 的样本，问，常数 a，b，c 为多少，才能使统计量 $Y = aX_1^2 + b(X_2 + X_3)^2 + c(X_4 + X_5 + X_6)^2$ 服从 $\chi^2(3)$ 分布？

9. 求总体 $N(20, 3)$ 容量为 10，15 的两独立样本均值差的绝对值大于 0.3 的概率.

10. 设 X_1，X_2，$\cdots$，X_n 为总体 $X \sim [0, 2\theta]$ 上的均匀分布，求 $E(\overline{X})$，$D(\overline{X})$，$E(S^2)$.

11. 设 X_1，X_2，$\cdots$，X_{16} 是来自正态总体 $N(0, 2^2)$ 的样本，求 $P\left\{\sum\limits_{i=1}^{16} X_i^2 \leq 77.476\right\}$.

6

第6章

参数估计

在实际工作和生活中，要确定总体 X 的精确概率分布是较困难的. 我们经常需要根据收集到的数据和信息，凭借经验分析和推测数据反映的规律，也就是根据样本统计量去推断总体的分布或是估计总体参数的数量特征. 这项工作具有两方面的意义：第一，从理论上可以写出正态分布确切的概率密度 $p(x)$；第二，研究者了解总体参数值有利于发现研究对象的规律.

参数估计(parameter estimation)是根据从总体中抽取的样本估计总体分布中包含的未知参数的方法. 我们把总体参数记为 θ，把用来估计总体参数的统计量称为估计量，记为 $\hat{\theta}$. 参数估计是推断统计的一种基本形式，是数理统计的一个重要组成部分. 参数估计分为点估计和区间估计两部分.

6.1 点估计

6.1.1 点估计问题与方法

假定总体 X 的分布为 $f(x,\theta)$，θ 为未知的分布参数，其取值范围 Θ 是已知的，称之为**参数空间**. 设 X_1，X_2，$\cdots$，X_n 是来自总体 X 的样本，则统计模型为样本 X_1，X_2，$\cdots$，X_n 的联合分布. 由上一章内容知样本是独立同分布的，故**统计模型**的一般表述为

$$f(x_1,\theta) \times f(x_2,\theta) \times \cdots \times f(x_n,\theta)(\theta \in \Theta). \qquad (6.1.1)$$

在绝大多数情况下，f 的函数形式是已知的，只有 θ 是未知的.

例6.1.1 现有某产品 N 件，其产品为正品的概率为 p，从中随机抽取 n 件，当第 i 次抽取到的为正品时，记为 $X_i = 1$，则 X_1，X_2，$\cdots$，X_n 是样本(其中 x_1，x_2，$\cdots$，x_n 为其样本观测值，取值为 0 或 1)，总体分布为两点分布 $B(1,p)$，统计模型为

$$p^{\sum\limits_{i=1}^{n}x_i}(1-p)^{n-\sum\limits_{i=1}^{n}x_i}, p \in (0,1).$$

例 6.1.2 某电子管使用寿命 X(单位: h)服从参数为 λ 的指数分布, 其中 $\lambda > 0$ 未知, 现从中抽取 n 只电子管, 则 X_1, X_2, $\cdots$, X_n 为其寿命(其中 x_1, x_2, $\cdots$, x_n 为其样本观测值, 取值为大于 0 的实数值), 统计模型为

$$\lambda^n e^{-\lambda \sum_{i=1}^{n} x_i}, \lambda \in (0, +\infty).$$

在统计模型(6.1.1)中, 一旦未知参数 θ 已知, 那么总体的分布也就完全知道了, 因此可以说统计推断的各种问题都是与这个未知参数 θ 有关的.

设现在我们所感兴趣的是一个与模型(6.1.1)中的 θ 有关的函数 η, $\eta = g(\theta)$. 我们基于样本 X_1, X_2, $\cdots$, X_n, 估计 $g(\theta)$. 需要注意的是 $g(\theta)$ 未知, 把这样的统计问题称为**点估计问题**, 或者**参数估计**.

上述是对点估计的一般提法, 下面我们通过几个例子来了解一下点估计问题.

例 6.1.3 以下是电话交换台 15min 内每 min 接到的呼唤次数数据:

2, 1, 6, 2, 2, 2, 3, 1, 8, 3, 4, 3, 4, 1, 3

假设每 min 呼唤次数 X 服从参数为 θ 的泊松分布, 要求基于这些数据估计每 min 平均呼叫次数.

由泊松分布的性质可知, 平均每 min 呼叫次数 $E(X) = \theta$, 故本例实际上就是估计 θ 本身, $\eta = g(\theta) = \theta$.

例 6.1.4 已知某种灯泡的寿命服从正态分布, 现从一批灯泡中抽取 16 只, 测得其寿命(单位: h)如下所示:

1510, 1450, 1480, 1460, 1520, 1480, 1490, 1460, 1510, 1530, 1470, 1500, 1520, 1510, 1470, 1480

基于这些数据估计灯泡的寿命的标准差.

要估计标准差, 即要求估计灯泡寿命长度的差异程度, 进而确定灯泡寿命 X 落在任何一个区间内的概率.

例 6.1.5 某一温度调节器放入在贮存着某种液体的容器内, 调节器设定在 d(℃), 液体的温度为 X(℃), $X \sim N(d, 0.25)$, 要求估计保持液体的温度至少为 80(℃)的概率 η.

由正态分布的性质, 有

$$\eta = P(X \geqslant 80) = 1 - P(X < 80) = 1 - \Phi\left(\frac{80-d}{0.5}\right).$$

其中, $\Phi(\cdot)$ 是标准正态分布函数, 函数在未知参数 d 处的值 η

为要估计的对象.

设 X_1, X_2, $\cdots$, X_n 是来自总体 $f(x,\theta)$, $\theta \in \Theta$ 的样本,称任何一个用来估计参数 θ 的统计量 $\hat{\theta} = \hat{\theta}(X_1, X_2, \cdots, X_n)$ 为 θ 的**估计量**(简称为估计),称 $\hat{\theta} = \hat{\theta}(x_1, x_2, \cdots, x_n)$ 为 θ 的估计值.

在例 6.1.5 中 d 的估计为 $\overline{X}$,则 η 的估计就是 $\eta = 1 - \Phi\left(\dfrac{80 - \overline{X}}{0.5}\right)$.

点估计(point estimation)也称为定值估计,它是以随机抽样得到的样本指标实际值作为总体未知参数的估计量的一种推断方法.这就涉及两个问题:第一,如何给出估计,即估计的方法问题;第二,如何对不同的估计进行评价,即估计的好坏判断标准.

在这里构造统计量的方法有很多,常见的点估计的方法有两种,它们是:矩估计和极大似然估计.

(1)矩估计

矩估计的统计思想十分明确,即替换原理,由英国统计学家皮尔逊(K. Pearson)提出.矩估计也称"矩法估计",就是利用样本矩来估计总体中相应的参数.最简单的矩估计法是用一阶样本原点矩来估计总体的期望,而用二阶样本中心矩来估计总体的方差.例如:用样本均值 $\overline{X}$ 估计总体均值 $E(X)$,即 $\hat{E}(X) = \overline{X}$;用样本方差 s_n^2 估计总体方差 $D(X)$,即 $\hat{D}(X) = s_n^2$.

例 6.1.6   随机测量 8 包大米的重量(单位:千克)

20.1   20.5   20.3   20.0   19.3   20.0   20.4   20.2

试求总体均值 μ 及方差 σ^2 的矩估计值.

解 $\hat{\mu} = \overline{X} = \dfrac{1}{8}(20.1 + 20.5 + 20.3 + 20.0 + 19.3 + 20.0 + 20.4 + 20.2)$

$= 20.1$

$\hat{\sigma}^2 = B_2 = \dfrac{1}{8}\sum_{i=1}^{8}(X_i - \overline{X})^2 = \dfrac{1}{8}(0.4^2 + 0.2^2 + 0.1^2 \times 3 + 0.8^2 + 0.3^2)$

$= 0.12$

例 6.1.7   对某型号的 20 辆汽车记录其每 5L 汽油的行驶里程(公里),观测数据如下:

27.6   29.8   28.3   28.5   30.1   28.7   29.9   28.0   27.9   30.0
28.4   27.2   29.5   27.9   28.0   28.7   29.1   29.8   29.6   26.9

这是一个容量为 20 的样本观测值,对应总体是该型号汽车每 5L 汽油的行驶里程,其分布形式尚不清楚,可用矩估计法估计其均值、方差等.本例中经计算有 $\overline{x} = 28.695$,$s_n^2 = 0.9185$,由此给出总体均值、方差的估计分别是 28.695,0.9185.

设总体的概率函数 $p(x;\theta_1,\cdots,\theta_k)$，$(\theta_1,\cdots,\theta_k)\in\Theta$ 是未知参数，x_1，$\cdots$，x_n 是总体 X 的样本，若 EX^k 存在，则 $\forall j<k$，EX^j 存在. 设

$$\mu_j=EX^j=v_j(\theta_1,\cdots,\theta_k),j=1,2,\cdots,k, \qquad (6.1.2)$$

如果 θ_1，$\cdots$，θ_k 也能够表示成 μ_1，$\cdots$，μ_k 的函数 $\theta_j=\theta_j(\mu_1,\cdots,\mu_k)$，$j=1$，2，$\cdots$，$k$，则可给出 θ_j 的矩估计量为

$$\hat{\theta}_j=\hat{\theta}_j(a_1,\cdots,a_k),j=1,2,\cdots,k, \qquad (6.1.3)$$

其中，$a_j=\dfrac{1}{n}\sum_{i=1}^{n}x_i^j$，$j=1$，2，$\cdots$，$k$. 设 $\eta=g(\theta_1,\cdots,\theta_k)$，是 θ_1，$\cdots$，θ_k 的函数，则利用替换原理可得到 η 的矩估计量

$$\hat{\eta}=g(\hat{\theta}_1,\cdots,\hat{\theta}_k), \qquad (6.1.4)$$

其中，$\hat{\theta}_j$ 是 θ_j 的矩估计，$j=1$，2，$\cdots$，k.

例 6.1.8　X_1，$\cdots$，X_N 是来自 (a,b) 上的均匀分布 $U(a,b)$ 的样本，a 与 b 均是未知参数，这里 $k=2$. 由于

$$EX=\frac{a+b}{2},\quad D(X)=\frac{(b-a)^2}{12},$$

不难推出 $a=EX-\sqrt{3D(X)}$，$b=EX+\sqrt{3D(X)}$，由此即可得到 a，b 的矩估计量：$\hat{a}=\bar{X}-\sqrt{3}s_n$，$\hat{b}=\bar{X}+\sqrt{3}s_n$，

若从均匀总体 $U(a,b)$ 获得如下一个容量为 5 的样本：

4.5　5.0　4.7　4.0　4.2，经计算，有 $\bar{X}=4.48$，$s_n=0.3962$，于是可得 a，b 的矩估计为 $\hat{a}=4.48-0.3962\sqrt{3}=3.7938$，$\hat{b}=4.48+0.3962\sqrt{3}=5.1662$.

例 6.1.9　设总体 X 的概率密度为：$f(x)=\begin{cases}\sqrt{\theta}x^{\sqrt{\theta}-1}, & 0\leqslant x\leqslant1;\\ 0, & \text{其他}.\end{cases}$ $\theta>0$ 为未知参数，$(X_1,\cdots,X_n)$ 为取自 X 的样本，求 θ 的矩估计.

解　总体矩 $\mu_1=E(X)=\displaystyle\int_{-\infty}^{+\infty}xf(x)\,\mathrm{d}x=\int_0^1\sqrt{\theta}x^{\sqrt{\theta}}\,\mathrm{d}x=\frac{\sqrt{\theta}}{\sqrt{\theta}+1}$，

样本矩 $A_1=\dfrac{1}{n}\sum_{i=1}^{n}X_i=\bar{X}$，令 $A_1=\mu_1$，即 $A_1=\dfrac{\sqrt{\theta}}{\sqrt{\theta}+1}$，解得 θ 的矩估计为 $\hat{\theta}=\left(\dfrac{\bar{X}}{1-\bar{X}}\right)^2$.

（2）极大似然估计

极大似然估计已知总体分布，从已抽出的样本中利用总体分布提供的数据信息，避免了矩估计的缺陷. 极大似然法最早是由高斯在 1821 年提出，费希尔（R. A. Fisher）在 1922 年再次提出了

这种想法并证明了它的一些性质而使得极大似然法得到广泛的应用. **极大似然法**是建立在极大似然原理基础上的一种统计方法. 极大似然原理的直观思想方法是：一个随机试验有若干个可能的结果 A，B，C，…，若在一次试验中，结果 A 出现了，则一般认为试验中 A 出现的概率最大. 也就是"概率最大的事件最可能出现的原理"的直观想法. 下面通过例 6.1.1 来说明极大似然原理.

在例 6.1.1 中产品为正品的概率为 p，现在要估计这批产品的正品率 p. 从中随机抽取 n 件，则 X_1，X_2，…，X_n 是样本(其中 x_1，x_2，…，x_n 为样本观测值，取值为 0 或 1)，则样本取到观测值的概率为

$$P(X_1 = x_1, X_2 = x_2, \cdots, X_n = x_n) = p^{x_1}(1-p)^{1-x_1} \cdots p^{x_n}(1-p)^{1-x_n}$$

$$= p^{\sum\limits_{i=1}^{n} x_i}(1-p)^{n-\sum\limits_{i=1}^{n} x_i}, p \in (0,1).$$

这个概率是未知参数 p 的函数，我们用 $L(p)$ 来表示，记

$$L(p) = p^{\sum\limits_{i=1}^{n} x_i}(1-p)^{n-\sum\limits_{i=1}^{n} x_i}$$

根据极大似然原理，既然在随机抽样中获得观测值 x_1，x_2，…，x_n，则可以认为它的概率应该最大，即 $L(p)$ 应该达到最大值，所以我们选使得 $L(p)$ 达到最大的 p 值作为参数 p 的估计是合理的.

设总体 X 具有概率分布 $P(x;\theta)$，其中 $\theta = (\theta_1, \cdots, \theta_m) \in \Theta$ 是未知参数，Θ 是 θ 的可能取值范围. 若 X_1，…，X_n 为来自总体 X 的一个样本，则由样本独立同分布，X_1，…，X_n 的联合分布律为

$$P(X_1 = x_1, \cdots, X_n = x_n; \theta)$$

$$= P(x_1;\theta) \cdot P(x_2;\theta) \cdot \cdots \cdot P(x_n;\theta) = \prod_{i=1}^{n} P(x_i;\theta).$$

记

$$L(\theta) = L(x_1, \cdots, x_n; \theta) = \prod_{i=1}^{n} P(x_i;\theta), \qquad (6.1.5)$$

称 $L(\theta)$ 为样本的**似然函数**(是 θ 的函数)，如果 $L(\theta)$ 在 $\hat{\theta} = (\hat{\theta}_1, \hat{\theta}_2, \cdots, \hat{\theta}_m)$ 处达到最大，记

$$L(x_1, x_2, \cdots, x_n; \hat{\theta}) = \max_{\theta \in \Theta} L(x_1, x_2, \cdots, x_n; \theta),$$

则称 $\hat{\theta}(x_1, x_2, \cdots, x_n)$ 为 θ 的**极大似然估计值**，对应的统计量 $\hat{\theta}(X_1, X_2, \cdots, X_n)$ 为**极大似然估计量**.

若总体 X 为离散型，则样本的联合分布律为其似然函数；若总体 X 为连续型，则样本的联合概率密度是其似然函数.

在函数领域我们知道 $L(\theta)$ 在极大值点的一阶导数为零，即 $\hat{\theta}_1$，…，$\hat{\theta}_m$ 满足方程 $\dfrac{\partial L(\theta)}{\partial \theta_i} = 0, i = 1, 2, \cdots, m.$ $\qquad (6.1.6)$

由于 $\ln x$ 是 x 的单调函数，$\ln L(\theta)$ 达到极大值与 L 达到极大值是等价的，故 θ 的极大似然估计 $\hat{\theta}$ 也可以由 $\ln L(\theta)$ 所求得. 当 L 是可微函数时，求导是求极大似然估计最常用的方法，而通过对 $\ln L(\theta)$ 求导求极大值更加方便一些，故 θ 的极大似然估计 $\hat{\theta}$ 常常由方程组

$$\frac{\partial \ln L(\theta)}{\partial \theta_i} = 0, i = 1, 2, \cdots, m. \tag{6.1.7}$$

求得，称式 (6.1.7) 为**似然方程组**，解此似然方程组，得到 $\hat{\theta}_1, \cdots, \hat{\theta}_m$ 即为 $\theta_1, \cdots, \theta_m$ 的极大似然估计. 通常把 $\ln L(\theta)$ 称为对数似然函数.

例 6.1.10 设总体 $X \sim N(\mu, \sigma^2)$，$(X_1, \cdots, X_n)$ 为来自总体 X 的一个样本，求 μ，σ^2 的极大似然估计.

解 令 $\sigma^2 = \delta$，则有

$$L(x_1, \cdots, x_n; \mu, \delta) = \prod_{i=1}^{n} P(x_i)$$

$$= \prod_{i=1}^{n} \frac{1}{\sqrt{2\pi\delta}} e^{-\frac{(x_i-\mu)^2}{2\delta}} = (2\pi\delta)^{-\frac{n}{2}} e^{-\frac{1}{2\delta}\sum_{i=1}^{n}(x_i-\mu)^2}.$$

故 $\ln L = -\dfrac{n}{2}\ln 2\pi - \dfrac{n}{2}\ln\delta - \dfrac{1}{2\delta}\sum_{i=1}^{n}(x_i - \mu)^2.$

似然方程组为 $\begin{cases} \dfrac{\partial \ln L}{\partial \mu} = 0, \\ \dfrac{\partial \ln L}{\partial \delta} = 0. \end{cases}$

解此方程组得到 $\dfrac{1}{\delta}\sum_{i=1}^{n}(x_i - \mu) = 0$，即 $\hat{\mu} = \dfrac{1}{n}\sum_{i=1}^{n} x_i = \bar{x}.$

$-\dfrac{n}{2\delta} + \dfrac{\sum\limits_{i=1}^{n}(x_i - \mu)^2}{2\delta^2} = 0$，即 $\hat{\delta} = \dfrac{1}{n}\sum_{i=1}^{n}(x_i - \bar{x})^2 = s^2.$

例 6.1.11 设一个实验有三种可能结果，其发生概率分别为 $p_1 = \theta^2$，$p_2 = 2\theta(1-\theta)$，$p_3 = (1-\theta)^2$，现做了 n 次试验，观测到三种结果发生的次数分别为 n_1，n_2，$n_3(n_1 + n_2 + n_3 = n)$. 求 θ 的极大似然估计.

解 由题意可知，似然函数为

$$L(\theta) = (\theta^2)^{n_1} [2\theta(1-\theta)]^{n_2} [(1-\theta)^2]^{n_3}$$

$$= 2^{n_2} \theta^{2n_1+n_2} (1-\theta)^{2n_3+n_2},$$

其对数似然函数为

$$\ln L = (2n_1 + n_2)\ln\theta + (2n_3 + n_2)\ln(1-\theta) + n_2\ln 2.$$

将之关于 θ 求导并令其为 0 得到似然方程

$$\frac{2n_1+n_2}{\theta}-\frac{2n_3+n_2}{1-\theta}=0.$$

解之，得

$$\hat{\theta}=\frac{2n_1+n_2}{2(n_1+n_2+n_3)}=\frac{2n_1+n_2}{2n}.$$

由于

$$\frac{\partial^2\ln L}{\partial\theta^2}=-\frac{2n_1+n_2}{\theta^2}-\frac{2n_3+n_2}{(1-\theta)^2}<0,$$

所以 $\hat{\theta}$ 是极大值点.

所以 θ 的极大似然估计为 $\hat{\theta}=\frac{2n_1+n_2}{2n}$.

例 6.1.12   设 $x_1,\cdots,x_n$ 为来自均匀总体 $U(0,\theta)$ 的样本，试求 θ 的极大似然估计.

解   由题意可知其似然函数

$$L(\theta)=\frac{1}{\theta^n}\prod_{i=1}^n I_{\{0\leqslant x_{(i)}\leqslant\theta\}}=\frac{1}{\theta^n}I_{\{x_{(n)}\leqslant\theta\}},$$

要使 $L(\theta)$ 达到极大值，首先要使示性函数取值为 1，其次 $\frac{1}{\theta^n}$ 尽可

能大. 由于 $\frac{1}{\theta^n}$ 是 θ 的单调减函数，所以 θ 的取值应尽可能小，但示

性函数为 1 决定了 θ 不能小于 $x_{(n)}$，由此给出 θ 的极大似然估计：$\hat{\theta}=x_{(n)}$.

例 6.1.13   求例 6.1.9 中的极大似然估计.

解   似然函数为：$(0\leqslant x_i\leqslant1)$

$$L(\theta)=\prod_{i=1}^n f(x_i;\theta)=\prod_{i=1}^n\sqrt{\theta}\,x_i^{\sqrt{\theta}-1}=\theta^{\frac{n}{2}}\left(\prod_{i=1}^n x_i\right)^{\sqrt{\theta}-1}.$$

所以对数似然函数 $\ln L(\theta)=\frac{n}{2}\ln\theta+(\sqrt{\theta}-1)\sum_{i=1}^n\ln x_i,\ 0\leqslant x_i\leqslant1,$

令 $\dfrac{\partial\ln L(\theta)}{\partial\theta}=\dfrac{n}{2}\cdot\dfrac{1}{\theta}+\dfrac{1}{2\sqrt{\theta}}\sum_{i=1}^n\ln x_i=0,$ 解得

$$\hat{\theta}=\frac{n^2}{\left(\sum_{i=1}^n\ln x_i\right)^2}.$$

对于任意的 $\theta>0$，有

$$\frac{\partial^2\ln L(\theta)}{\partial\theta^2}=-\frac{n}{2}\cdot\frac{1}{\theta^2}-\frac{1}{4\sqrt[3]{\theta^2}}\sum_{i=1}^n\ln x_i<0,$$

故 $\ln L(\theta)$ 取到极大值. 因此, 得到 θ 的极大似然估计量为

$$\hat{\theta} = \frac{n^2}{\left(\sum_{i=1}^{n} \ln x_i\right)^2}.$$

6.1.2 点估计的评价标准

对于总体的同一未知参数, 会有多种不同的估计方法, 比如上节介绍的矩估计法、极大似然法等等, 所得的估计量可能不相同, 因此, 我们需要评价所选的估计量. 也就是说, 在使用一个样本统计量作为估计量之前, 应检验说明这些样本统计量是否具有好的点估计量的性质. 数理统计中给出了众多的估计量评价标准, 下面介绍几个常用的评价标准: 相合性、无偏性、有效性和均方误差.

1. 相合性

点估计量是一个统计量, 在一定的条件下, 样本统计量不可能完全等于总体参数的真实取值. 但如果样本观测值足够多, 估计量会随着样本量的增多而逐渐逼近参数的真实值, 这就是一致性, 也称为相合性.

> **定义 6.1** 设 $(\theta_1,\cdots,\theta_n) \in \Theta$ 是未知参数, $\hat{\theta}_n = \hat{\theta}_n(x_1,\cdots,x_n)$ 是 θ 的一个估计量, n 是样本容量, 若对任何一个 $\varepsilon>0$, 有
> $$\lim_{n\to\infty} P(|\hat{\theta}_n-\theta|>\varepsilon) = 0, \qquad (6.1.8)$$
> 则称 $\hat{\theta}_n$ 为参数 θ 的**相合估计量**(或称**一致估计量**), 也称估计量 $\hat{\theta}_n$ 具有**相合性**. 相合性被认为是对估计量的一个最基本要求, 如果一个估计量, 在样本量不断增大时, 它都不能把被估参数估计到任意指定的精度, 那么这个估计是很值得怀疑的. 实际上把样本估计量 $\hat{\theta}_n$ 看作一个随机变量序列, 相合性就是 $\hat{\theta}_n$ 依概率收敛于 θ.

2. 无偏性

相合性是大样本下估计量的评价标准, 对小样本来说, 需要一些其他的评价标准. 由于估计量是随机变量, 不同的样本值对应不同的估计值, 因此, 一个基本的评价标准就是要求估计量没有系统偏差. 如果样本统计量的数学期望等于待估计的总体参数的值, 则称该样本统计量为总体参数的无偏估计量. 也就是说,

> **定义 6.2** 设 $\hat{\theta}=\hat{\theta}(x_1,\cdots,x_n)$ 是 θ 的一个估计, θ 的参数空间为 Θ, 若对任意的 $\theta \in \Theta$, 有 $E(\hat{\theta})=\theta$, 则称 $\hat{\theta}$ 是 θ 的**无偏估计**(量), 否则称为**有偏估计**(量).

例 6.1.14 S^2 不是 σ^2 的无偏估计量.

解 由于 $ES^2 = \dfrac{n-1}{n}\sigma^2$，故 S^2 不是 σ^2 的无偏估计量，但如令

$$S^{*2} = \frac{n}{n-1}S^2,$$

则有 $ES^{*2} = \dfrac{n}{n-1}ES^2 = \dfrac{n}{n-1}\cdot\dfrac{n-1}{n}\sigma^2 = \sigma^2$，

因此，S^{*2} 是 σ^2 的无偏估计量，称 S^{*2} 为样本修正方差，实际上当 n 很大时，S^{*2} 与 S^2 相差不大. 因此也称 $S^{*2} = \dfrac{1}{n-1}\sum\limits_{i=1}^{n}(X_i - \overline{X})^2$ 为样本方差.

无偏性不具有不变性. 即若 $\hat{\theta}$ 是 θ 的无偏估计，$g(\hat{\theta})$ 不是 $g(\theta)$ 的无偏估计，除非 $g(\theta)$ 是 θ 的线性函数.

3. 有效性

如何在众多的无偏估计中选择合适的估计量，最为直接的做法是寻找围绕参数值波动较小的量. 一般我们选择方差值来衡量波动幅度，也就是利用方差较小的估计量，它的估计值与总体参数更为接近，通常有较小方差的无偏估计量比其他无偏估计量更理想，也称为有效性.

设 $\hat{\theta}_1$，$\hat{\theta}_2$ 是 θ 的两个无偏估计，如果对任意的 $\theta \in \Theta$，有

$$D(\hat{\theta}_1) \leqslant D(\hat{\theta}_2),$$

且至少有一个 $\theta \in \Theta$ 使得上述不等号严格成立，则称 $\hat{\theta}_1$ 比 $\hat{\theta}_2$ **有效**，所有 θ 的无偏估计中方差最小的那一个为**一致最小方差无偏估计**.

例 6.1.15 设 $E(X) = \mu$，$D(X) = \sigma^2 > 0$ 存在，X_1，X_2 是来自总体 X 的样本，问：下列三个对 μ 的无偏估计量哪一个最有效？

$$\hat{\mu}_1 = \frac{3}{4}X_1 + \frac{1}{4}X_2; \quad \hat{\mu}_2 = \frac{1}{2}X_1 + \frac{1}{2}X_2; \quad \hat{\mu}_3 = \frac{2}{3}X_1 + \frac{1}{3}X_2$$

解 $D(\hat{\mu}_1) = \dfrac{9}{16}D(X_1) + \dfrac{1}{16}D(X_2) = \dfrac{5}{8}\sigma^2$，

$$D(\hat{\mu}_2) = \frac{1}{2}\sigma^2, \quad D(\hat{\mu}_3) = \frac{5}{9}\sigma^2,$$

因为 $D(\hat{\mu}_2) < D(\hat{\mu}_3) < D(\hat{\mu}_1)$，故 $\hat{\mu}_2$ 最有效.

4. 均方误差

无偏性固然是点估计的优良评价标准，对无偏估计还可以通过其方差或标准差进行有效性比较. 然而有偏估计不一定是不好的估计. 相反有的时候有偏估计有其独特的优势. 一般的，在样本

量一定时, 评价点估计的优劣主要利用点估计值与参数真实值的差距函数, 最常用的函数是距离的平方. 由于点估计值具有随机性, 可以对该函数求期望, 也就是均方误差

$$MSE(\hat{\theta}) = E(\hat{\theta}-\theta)^2. \tag{6.1.9}$$

均方误差是评价点估计的最一般的标准, 我们希望估计的均方误差越小越好. 注意到,

$$\begin{aligned}
MSE(\hat{\theta}) &= E\{[\hat{\theta}-E(\hat{\theta})]+[E(\hat{\theta})-\theta]\}^2 \\
&= E[\hat{\theta}-E(\hat{\theta})]^2 + E[E(\hat{\theta})-\theta]^2 + 2E\{[\hat{\theta}-E(\hat{\theta})][E(\hat{\theta})-\theta]\} \\
&= D(\hat{\theta}) + [E(\hat{\theta})-\theta]^2.
\end{aligned}$$

上式说明均方误差 $MSE(\hat{\theta})$ 是由估计的方差 $D(\hat{\theta})$ 和偏差 $|E(\hat{\theta})-\theta|$ 的平方两部分构成. 若 $\hat{\theta}$ 是 θ 的无偏估计, 则显然 $MSE(\hat{\theta}) = D(\hat{\theta})$, 此时用均方误差评价点估计与用方差评价是一致的; 若 $\hat{\theta}$ 不是 θ 的无偏估计, 就要看其均方误差 $MSE(\hat{\theta})$, 即不仅看方差大小, 还要看其偏差大小.

习题 6.1

1. 有一批零件, 其长度 $X \sim N(\mu, \sigma^2)$, 从中任取 5 件, 测得长度 (mm) 值为 12.6, 13.2, 12.8, 13.4, 13, 试估计 μ, σ^2 的值.

2. 设总体 X 的概率密度为

$$f(x;\theta) = \begin{cases} \theta x^{\theta-1}, & 0<x<1, \\ 0, & \text{其他}, \end{cases}$$

$X_1, \cdots, X_n$ 为来自总体 X 的一个样本, $x_1, \cdots, x_n$ 为其样本值, 求参数 θ 的矩估计.

3. 设总体 X 具有分布律

X	1	2	3
p	θ^2	$2\theta(1-\theta)$	$(1-\theta)^2$

其中 $0<\theta<1$ 是未知参数, 已经取得样本值 $x_1=1$, $x_2=2$, $x_3=1$, 试求参数 θ 的矩估计和极大似然估计.

4. 设 $X_1, \cdots, X_n$ 为来自总体 X 的一个样本, $E(X)=\mu$, $D(X)=\sigma^2$ 存在且未知, 任意正的常数 $a_i(i=1,2,\cdots,n)$ 满足 $\sum\limits_{i=1}^{n} a_i = 1$, 试证: (1) 估计量 $\hat{\mu} = \sum\limits_{i=1}^{n} a_i X_i$ 总是 μ 的无偏估计; (2) 在上述无偏估计中 $\bar{X} = \frac{1}{n}\sum\limits_{i=1}^{n} X_i$ 最有效.

6.2 区间估计

用一个统计量去估计总体参数 θ, 得到参数 θ 的点估计. 当样本观测值给定后, 由点估计能得到参数 θ 的一个确定的值. 但由于实际抽样调查是随机的, 估计值会随抽取样本的不同而不同, 同时我们也无法知道这个估计值与 θ 的真实值是否存在误差. 在实际问题中, 我们比较关心误差的大小, 往往希望知道未知参数落入的范围. 也就是说在一定的可靠程度下, 希望能给出未知参

数的一个区间，因而产生了区间估计的概念. 例如，估计某人的年龄在 30 岁到 40 岁之间，这种估计就是一个区间估计.

所谓的区间估计(interval estimation)就是要找到两个统计量 $\hat{\theta}_1$，$\hat{\theta}_2$，使得 $\hat{\theta}_1 < \hat{\theta}_2$，根据样本指标和抽样误差估计总体参数 θ 的可能范围为 $[\hat{\theta}_1, \hat{\theta}_2]$. 作为区间估计通常要求区间覆盖 θ 的概率尽可能大，但也必然会使区间长度加大，为解决此矛盾问题，引入如下置信区间的概念.

6.2.1 置信区间

1. 置信区间的概念

定义 6.3 设 X_1，X_2，$\cdots$，X_n 是来自总体 $f(x, \theta)$ 的一个样本，θ 是未知参数，其参数空间为 Θ，对给定的 $\alpha(0 < \alpha < 1)$，若有两个统计量 $\hat{\theta}_1 = \hat{\theta}_1(X_1, X_2, \cdots, X_n)$，$\hat{\theta}_2 = \hat{\theta}_2(X_1, X_2, \cdots, X_n)$，对任意的 $\theta \in \Theta$，有

$$P(\hat{\theta}_1 \leqslant \theta \leqslant \hat{\theta}_2) \geqslant 1 - \alpha. \tag{6.2.1}$$

则称随机区间 $[\hat{\theta}_1, \hat{\theta}_2]$ 为 θ 的置信水平为 $1-\alpha$ 的**置信区间**，或简称 $[\hat{\theta}_1, \hat{\theta}_2]$ 是 θ 的 $1-\alpha$ 的置信区间，$\hat{\theta}_1$ 和 $\hat{\theta}_2$ 分别称为 θ 的(双侧)**置信下限**和**置信上限**.

对给定的 $\alpha(0 < \alpha < 1)$，对任意的 $\theta \in \Theta$，有

$$P(\hat{\theta}_1 \leqslant \theta \leqslant \hat{\theta}_2) = 1 - \alpha, \tag{6.2.2}$$

则称 $[\hat{\theta}_1, \hat{\theta}_2]$ 为 θ 的 $1-\alpha$ 的**同等置信区间**.

若给定样本观测值 x_1，x_2，$\cdots$，x_n，则称区间 $[\hat{\theta}_1(x_1, x_2, \cdots, x_n), \hat{\theta}_2(x_1, x_2, \cdots, x_n)]$ 为**置信区间的观测值**. 把这种估计未知参数的方法叫做**区间估计**.

注：置信区间是一个随机区间，它会随着样本的不同而变化，而且不是所有的置信区间都包含总体参数. 置信水平为 $1-\alpha$ 的置信区间表示该区间有 $100(1-\alpha)\%$ 的可能性包含总体参数 θ 的真值；不同的置信水平得到的参数 θ 的置信区间也不同；置信区间越小，估计越精确，但置信水平会降低；相反，置信水平越大，估计越可靠，但精确度会降低，置信区间会较长. 因此，在给定置信水平的情况下，我们往往是寻找长度尽可能短的置信区间.

在实际问题中，有时我们只对估计未知参数 θ 的上限(或下限)是多少感兴趣. 例如，我们对某批产品的不合格率感兴趣的是其不合格率的上限. 相反地，考虑某个品牌的洗衣机，我们关心

的是其平均寿命最低可能是多少，即关心的是平均寿命的下限. 因此，我们只需求出其单侧置信区间，使得

$$P(\theta < \hat{\theta}_2) = 1 - \alpha \quad \text{或} \quad P(\theta > \hat{\theta}_1) = 1 - \alpha.$$

下面介绍求未知参数 θ 的置信区间最常用的方法-枢轴量法.

2. 枢轴量法

构造未知参数 θ 的置信区间的最常用的方法是枢轴量法，具体过程可以总结为：

（1）构造一个样本和 θ 的函数 $G = G(X_1, X_2, \cdots, X_n; \theta)$，使得 G 的分布不依赖于未知参数，一般称具有这种性质的 G 为**枢轴量**.

（2）对于给定的置信水平 $1 - \alpha$，适当地选择两个常数 c、d，使对给定的 $\alpha(0 < \alpha < 1)$，有

$$P(c \leq G \leq d) = 1 - \alpha, \tag{6.2.3}$$

（3）将 $c \leq G \leq d$ 进行不等式等价变形化为 $\hat{\theta}_1 \leq \theta \leq \hat{\theta}_2$，则有

$$P(\hat{\theta}_1 \leq \theta \leq \hat{\theta}_2) = 1 - \alpha, \tag{6.2.4}$$

其中，$\hat{\theta}_1 = \hat{\theta}_1(X_1, X_2, \cdots, X_n)$，$\hat{\theta}_2 = \hat{\theta}_2(X_1, X_2, \cdots, X_n)$ 都是统计量.

这表明 $[\hat{\theta}_1, \hat{\theta}_2]$ 是 θ 的 $1 - \alpha$ 的同等置信区间. 上述构造置信区间的关键在于构造枢轴量 G，故把这种方法称为**枢轴量法**.

例 6.2.1 设 $X_1, \cdots, X_N$ 是来自均匀总体 $U(0, \theta)$ 的一个样本，试对给定的 $\alpha(0 < \alpha < 1)$，给出 θ 的 $1 - \alpha$ 的同等置信区间.

解 采用枢轴量法分三步进行.

（1）我们已知 θ 的最大似然估计为样本的最大次序统计量 $X_{(N)}$，而 $X_{(N)}/\theta$ 的密度函数为 $p(y; \theta) = ny^{n-1}$，$0 < y < 1$，它与参数 θ 无关，故可取 $X_{(N)}/\theta$ 作为枢轴量 G.

（2）由于 $X_{(N)}/\theta$ 的分布函数为 $F(y) = y^n$，$0 < y < 1$，

故 $\qquad P(c \leq X_{(N)}/\theta \leq d) = d^n - c^n,$

因此我们可适当选择 c 和 d，满足 $d^n - c^n = 1 - \alpha$.

（3）利用不等式变形可容易地给出 θ 的 $1 - \alpha$ 的同等置信区间为 $[X_{(N)}/d, X_{(N)}/c]$，该区间的平均长度为 $\left(\dfrac{1}{c} - \dfrac{1}{d}\right) E X_{(N)}$. 不难看出，在 $0 \leq c < d \leq 1$ 及 $d^n - c^n = 1 - \alpha$ 的条件下，当 $d = 1$，$c = \sqrt[n]{\alpha}$ 时，$\dfrac{1}{c} - \dfrac{1}{d}$ 取得最小值，这说明 $[X_{(N)}, X_{(N)}/\sqrt[n]{\alpha}]$ 是 θ 的置信水平为 $1 - \alpha$ 的最短置信区间.

当总体为正态分布时，枢轴量的分布多是常用分布，例如 t 分布、F 分布、χ^2 分布，因此式 (6.2.3) 中，c、d 的确定可通过查常用分布表进行.

例 6.2.2　有一大批糖果, 现从中随机地取 16 袋, 称得重量 (单位: g) 如下:

506　508　499　503　504　510　497　512　514　505　493　496　506　502　509　496, 设袋装糖果的重量服从正态分布, 试求总体均值 μ 的置信水平为 0.95 的置信区间.

解　根据给出的数据, 计算得 $\bar{x}=503.75$, $s=6.2022$. 构造枢轴量为

$$t=\frac{\bar{x}-\mu}{s/\sqrt{n}},$$

根据例 5.2.4, 有 $t\sim t(n-1)$, 于是, $P\left(c\leqslant\dfrac{\bar{x}-\mu}{s/\sqrt{n}}\leqslant d\right)=0.95$,

$1-\alpha=0.95$, $\alpha/2=0.025$, $n-1=15$, 则有 $P\left\{-t_{0.025}(15)\leqslant\dfrac{\bar{x}-\mu}{s/\sqrt{n}}\leqslant t_{0.025}(15)\right\}=0.95$. 查表得 $t_{\alpha/2}(n-1)=t_{0.025}(15)=2.1315$. 均值 μ 的置信水平为 0.95 的置信区间是

$$\left[\bar{x}-\frac{s}{\sqrt{n}}t_{\alpha/2}(n-1),\bar{x}+\frac{s}{\sqrt{n}}t_{\alpha/2}(n-1)\right]=\left[503.75\pm\frac{6.2022}{\sqrt{16}}\times2.1315\right],$$

即 $[500.4,507.1]$.

例 6.2.3　已知一批零件的长度 X(单位: cm)服从正态分布 $N(\mu,1)$, 从中随机抽取 16 个零件, 得到长度的平均值为 40cm, 求 μ 的置信度为 0.95 的置信区间. (考研, 2003, 数一).

解　已知 $\sigma^2=1$, 由正态分布的性质, 有

$$\sqrt{n}(\bar{X}-\mu)\sim N(0,1).$$

由已知置信水平为 0.95, 可知 $\alpha/2=0.025$, 应取分位点 $z_{0.025}$, 则有 $P\{-z_{0.025}\leqslant\sqrt{n}(\bar{X}-\mu)\leqslant z_{0.025}\}=0.95$, 即

$$P\left\{\bar{X}-\frac{1}{\sqrt{n}}z_{0.025}\leqslant\mu\leqslant\bar{X}+\frac{1}{\sqrt{n}}z_{0.025}\right\}=0.95.$$

其中, $n=16$, $\bar{X}=40$, 查表得 $\Phi(1.96)=0.975$, 可知 $z_{0.025}=1.96$, 代入即得 μ 的置信度为 0.95 的置信区间为 $[39.51,40.49]$.

6.2.2　正态总体分布的置信区间

在实际问题中经常会遇见总体为正态分布的情形, 本节介绍正态总体 $N(\mu,\sigma^2)$ 的参数的区间估计.

1. 正态总体平均数的区间估计

设 X_1, X_2, $\cdots$, X_n 是来自正态总体 $N(\mu,\sigma^2)$ 的一个样本.

（1）总体方差 σ^2 已知时，总体平均数 μ 的区间估计

由于点估计量为 $\overline{X}$，其分布为 $N(\mu,\sigma^2/n)$，因此枢轴量可选

为 $G=\dfrac{\sqrt{n}\,(\overline{X}-\mu)}{\sigma}\sim N(0,1)$，$c$ 和 d 应满足 $P(c\leqslant G\leqslant d)=\Phi(d)-$

$\Phi(c)=1-\alpha$，经过不等式变形可得 $P\left(\overline{X}-\dfrac{d\sigma}{\sqrt{n}}<\mu<\overline{X}-\dfrac{c\sigma}{\sqrt{n}}\right)=1-\alpha$，该

区间长度为 $(d-c)\sigma/\sqrt{n}$. 由于标准正态分布为单峰对称的，可得

$\Phi(d)-\Phi(c)=1-\alpha$ 的条件下，当 $d=-c=u_{1-\alpha/2}$ 时，$d-c$ 达到最小，

由此给出了 μ 的 $1-\alpha$ 的同等置信区间为

$$\left[\overline{X}-u_{1-\alpha/2}\frac{\sigma}{\sqrt{n}},\overline{X}+u_{1-\alpha/2}\frac{\sigma}{\sqrt{n}}\right]. \qquad (6.2.5)$$

例 6.2.4   用天平称某物重量 9 次，得平均值为 $\overline{x}=15.4$，已知
天平称量结果为正态分布，其标准差为 0.1，试求该物体质量的
0.95 置信区间.

解   此处 $1-\alpha=0.95$，$\alpha=0.05$，查表知 $u_{0.975}=1.96$，于是该物
体质量 μ 的 0.95 置信区间为 $\overline{x}\pm u_{1-\alpha/2}\sigma/\sqrt{n}=15.4\pm1.96\times0.1/\sqrt{9}=$
15.4 ± 0.0653，从而该物体质量的 0.95 置信区间为 $[15.3347,15.4653]$.

（2）总体方差 σ^2 未知时，总体平均数 μ 的区间估计

根据抽样基本定理有，$t=\dfrac{\sqrt{n}\,(\overline{X}-\mu)}{s}\sim t(n-1)$，其中 s^2 为样本
方差. 因此 t 可用来作为枢轴量. 类似于上面的求法，可得到 μ 的
$1-\alpha$ 的同等置信区间为

$$\left[\overline{X}-t_{1-\alpha/2}(n-1)s/\sqrt{n},\overline{X}+t_{1-\alpha/2}(n-1)s/\sqrt{n}\right] \qquad (6.2.6)$$

此处 $s^2=\dfrac{1}{n-1}\displaystyle\sum_{i=1}^{n}(X_i-\overline{X})^2$ 是 σ^2 的无偏估计.

例 6.2.5   假设轮胎的寿命服从正态分布. 为估计某种轮胎的
平均寿命，现随机地抽 12 只轮胎使用，测得它们的寿命（单位：
万公里）如下：4.68   4.85   4.32   4.85   5.02   5.20   4.60
4.58   4.72   4.38   4.70，试求平均寿命的 0.95 置信区间.

解   此处正态总体标准差未知，可使用 t 分布求均值的置信区
间. 本例中经计算有 $\overline{x}=4.7092$，$s^2=0.0615$，取 $\alpha=0.05$，查表知
$t_{0.975}(11)=2.2010$，于是平均寿命的 0.95 置信区间（单位：万公里）

$\qquad 4.7092\pm2.2010\times\sqrt{0.0615}/\sqrt{12}=[4.5516,4.8668]$.

在实际问题中，由于轮胎的寿命越长越好，因此可以只求平
均寿命的置信下限，也即构造单边的置信下限. 由于

$$P\left(\frac{\sqrt{n}\,(\overline{X}-\mu)}{s}<t_{1-\alpha}(n-1)\right)=1-\alpha,$$

由不等式变形可知 μ 的 $1-\alpha$ 的置信下限为 $\overline{x}-t_{1-\alpha}(n-1)s/\sqrt{n}$. 将 $t_{0.95}(11)=1.7959$ 代入计算可得平均寿命 μ 的 0.95 置信下限为 4.5806(万公里).

2. 正态总体方差的区间估计

设 X_1, X_2, $\cdots$, X_n 是来自正态总体 $N(\mu,\sigma^2)$ 的一个样本. 对于 σ^2 的置信区间估计也可以按照总体平均数 μ 是否已知分情况进行讨论, 但在现实问题中, 总体方差未知而总体平均数 μ 已知的情况是极少数的, 因此我们仅讨论 μ 未知的前提下, σ^2 的置信区间.

此时的枢轴量可由 χ^2 分布给出. 我们知道总体方差 σ^2 可以利用样本方差 s^2 估计, 由抽样基本定理, 知 $\dfrac{(n-1)s^2}{\sigma^2}\sim\chi^2(n-1)$, 由于 χ^2 分布是偏态分布, 寻找平均长度最短区间难以实现, 一般是把 α 平均分为两部分, 在 χ^2 分布的两侧各截取面积为 $\alpha/2$ 的部分, 即采用 χ^2 的两个分位数 $\chi^2_{\alpha/2}(n-1)$ 和 $\chi^2_{1-\alpha/2}(n-1)$, 它们满足

$$P\left(\chi^2_{1-\alpha/2}\leqslant\frac{(n-1)s^2}{\sigma^2}\leqslant\chi^2_{\alpha/2}\right)=1-\alpha. \tag{6.2.7}$$

由此给出 σ^2 的 $1-\alpha$ 置信区间为

$$\left[(n-1)s^2/\chi^2_{\alpha/2}(n-1),(n-1)s^2/\chi^2_{1-\alpha/2}(n-1)\right]. \tag{6.2.8}$$

将(6.2.8)的两端开方即得到标准差 σ 的 $1-\alpha$ 置信区间.

例 6.2.6　设某灯泡的寿命 $X\sim N(\mu,\sigma^2)$, μ 和 σ^2 未知现从中任取 5 个灯泡进行寿命试验, 得数据 10.5, 11.0, 11.2, 12.5, 12.8[单位: kh(千小时)], 求置信水平为 90% 的 σ^2 的区间估计.

解　样本方差及均值分别为 $S^2=0.995$, $\overline{x}=11.6$, 由 $1-\alpha=0.9$, 得 $\alpha=0.1$, 查表得 $\chi^2_{1-0.05}(4)=0.711$, $\chi^2_{0.05}(4)=9.488$,

$$\frac{(n-1)s^2}{\chi^2_{0.95}(4)}=\frac{4\times0.995}{0.711}=5.5977,\quad\frac{(n-1)s^2}{\chi^2_{0.05}(4)}=0.4195,$$

所以 σ^2 的置信区间为 $(0.4195,5.5977)$.

例 6.2.7　用一个仪表测量某一物理量 9 次, 得样本均值 $\overline{x}=56.32$, 样本标准差 $s=0.22$. 测量标准差 σ 大小反映了测量仪表的精度, 试求 σ 的置信水平为 0.95 的置信区间.

解　此处 $(n-1)s^2=8\times0.22^2=0.3872$, 查表知 $\chi^2_{1-0.025}(8)=2.1797$, $\chi^2_{0.025}(8)=17.5345$, σ^2 的 $1-\alpha$ 置信区间为

$$\left[\frac{(n-1)s^2}{\chi^2_{\alpha/2}(n-1)},\frac{(n-1)s^2}{\chi^2_{1-\alpha/2}(n-1)}\right]=\left[\frac{0.3872}{17.5345},\frac{0.3872}{2.1797}\right]=[0.0221,0.776].$$

从而 σ 的置信水平为 0.95 的置信区间 $[0.1487,0.4215]$.

3. 两正态总体的情形

设 X_1，X_2，$\cdots$，X_m 是来自正态总体 $X\sim N(\mu_1,\sigma_1^2)$ 的一个样本，Y_1，Y_2，$\cdots$，Y_n 是来自正态总体 $Y\sim N(\mu_2,\sigma_2^2)$ 的一个样本，且 X 与 Y 相互独立，给定置信水平为 $1-\alpha$，设 $\overline{X}$ 和 $\overline{Y}$ 为总体 X 和 Y 的样本均值，S_1^2 和 S_2^2 为总体 X 和 Y 的样本方差.

（1）若 σ_1^2 和 σ_2^2 已知，对两总体均值差 $\mu_1-\mu_2$ 的置信区间.

因为 $\overline{X}-\overline{Y}$ 是 $\mu_1-\mu_2$ 的无偏估计，并且 $Var(\overline{X}-\overline{Y})=Var(\overline{X})+Var(\overline{Y})=\dfrac{\sigma_1^2}{m}+\dfrac{\sigma_2^2}{n}$，因此，

$$\overline{X}-\overline{Y}\sim N\left(\mu_1-\mu_2,\frac{\sigma_1^2}{m}+\frac{\sigma_2^2}{n}\right)$$

将 $\overline{X}-\overline{Y}$ 标准化，得

$$U=\frac{\overline{X}-\overline{Y}-(\mu_1-\mu_2)}{\sqrt{\sigma_1^2/m+\sigma_2^2/n}}\sim N(0,1)\qquad(6.2.9)$$

因此可选 U 作为枢轴量. 对给定的置信区间 $1-\alpha$，有

$$P(|U|\le u_{\frac{\alpha}{2}})=1-\alpha,$$

即，

$$P\left(\left|\frac{\overline{X}-\overline{Y}-(\mu_1-\mu_2)}{\sqrt{\sigma_1^2/m+\sigma_2^2/n}}\right|<u_{\frac{\alpha}{2}}\right)=1-\alpha.$$

整理即可得到 $\mu_1-\mu_2$ 的 $1-\alpha$ 的置信区间为

$$\left[\overline{X}-\overline{Y}-u_{\frac{\alpha}{2}}\sqrt{\sigma_1^2/m+\sigma_2^2/n},\overline{X}-\overline{Y}+u_{\frac{\alpha}{2}}\sqrt{\sigma_1^2/m+\sigma_2^2/n}\right].$$

例 6.2.8　独立随机样本取自均值未知，标准差已知的两个正态总体. 如果第一个总体的标准差为 0.73，抽出的样本容量为 25，样本均值为 6.9；第二个总体的标准差为 0.89，抽出的样本容量为 20，样本均值为 6.7. 求两个总体均值差的置信度为 95% 的置信区间.

解　已知 $m=25$，$n=20$，$\overline{x}=6.9$，$\overline{y}=6.7$，$\sigma_1=0.73$，$\sigma_2=0.89$，$1-\alpha=0.95$，$\dfrac{\alpha}{2}=0.025$，查表得，$u_{1-\frac{\alpha}{2}}=u_{0.975}=u_{0.025}=1.96$，从而得总体均值差的置信度为 95% 的置信区间为

$$\left[\overline{x}-\overline{y}-u_{\frac{\alpha}{2}}\sqrt{\sigma_1^2/m+\sigma_2^2/n},\overline{x}-\overline{y}+u_{\frac{\alpha}{2}}\sqrt{\sigma_1^2/m+\sigma_2^2/n}\right]$$

$$=\left(6.9-6.7-1.96\times\sqrt{\frac{0.73^2}{25}+\frac{0.89^2}{20}},\ 6.9-6.7+1.96\times\sqrt{\frac{0.73^2}{25}+\frac{0.89^2}{20}}\right)$$

$$=(0.137,0.263).$$

(2) 若 $\sigma_1^2=\sigma_2^2=\sigma^2$ 未知，对两总体均值差 $\mu_1-\mu_2$ 的置信区间.

由上章的例 5.2.6 有，

$$T=\frac{(\overline{X}-\overline{Y})-(\mu_1-\mu_2)}{\sqrt{(m-1)S_1^2+(n-1)S_2^2}}\sqrt{\frac{mn(m+n-2)}{m+n}}\sim t(m+n-2).$$

因此可选 T 作为枢轴量

若记 $S_w=\sqrt{\dfrac{(m-1)S_1^2+(n-1)S_2^2}{m+n-2}}$，则 $T=\dfrac{(\overline{X}-\overline{Y})-(\mu_1-\mu_2)}{S_w\sqrt{1/m+1/n}}$.

类似上面的推导过程可得 $\mu_1-\mu_2$ 的置信度为 $1-\alpha$ 的置信区间

$$\left((\overline{X}-\overline{Y})-t_{\frac{\alpha}{2}}(m+n-2)S_w\sqrt{1/m+1/n},\ (\overline{X}-\overline{Y})+\right.$$
$$\left. t_{\frac{\alpha}{2}}(m+n-2)S_w\sqrt{1/m+1/n}\right)$$

(3) 若 μ_1，μ_2，σ_1^2，σ_2^2 均未知时，对总体方差比 $\dfrac{\sigma_1^2}{\sigma_2^2}$ 的置信区间.

由式(6.2.9)知，$U=\dfrac{\overline{X}-\overline{Y}-(\mu_1-\mu_2)}{\sqrt{\sigma_1^2/m+\sigma_2^2/n}}\sim N(0,1)$，

由抽样基本定理，有 $\dfrac{(m-1)S_1^2}{\sigma^2}\sim\chi^2(m-1)$，$\dfrac{(n-1)S_2^2}{\sigma^2}\sim\chi^2(n-1)$.

根据假设知，$\dfrac{(m-1)S_1^2}{\sigma^2}$ 和 $\dfrac{(n-1)S_2^2}{\sigma^2}$ 相互独立，则由 F 分布的定义，有

$$F=\frac{\dfrac{(m-1)S_1^2}{\sigma^2}\Big/(m-1)}{\dfrac{(n-1)S_2^2}{\sigma^2}\Big/(n-1)}=\frac{\sigma_2^2 S_1^2}{\sigma_1^2 S_2^2}\sim F(m-1,n-1)$$

因此可选 F 作为枢轴量. 对给定的置信区间 $1-\alpha$，有

$$P\left(F_{1-\frac{\alpha}{2}}(m-1,n-1)<\frac{\sigma_2^2 S_1^2}{\sigma_1^2 S_2^2}<F_{\frac{\alpha}{2}}(m-1,n-1)\right)=1-\alpha$$

整理即可得到 $\dfrac{\sigma_1^2}{\sigma_2^2}$ 的 $1-\alpha$ 的置信区间为

$$\left(\frac{S_1^2}{S_2^2}\cdot\frac{1}{F_{\frac{\alpha}{2}}(m-1,n-1)},\ \frac{S_1^2}{S_2^2}\cdot\frac{1}{F_{1-\frac{\alpha}{2}}(m-1,n-1)}\right).$$

例 6.2.9 某公司调查了甲居民区的网民(21 户)和乙居民区的网民(16 户)的平均上网小时数. 对这两个独立样本得到的数据是：$\overline{X}_1 = 16.5\text{h}$, $S_1 = 3.7\text{h}$；$\overline{X}_2 = 19.5\text{h}$, $S_2 = 4.5\text{h}$. 若假设甲、乙居民区的网民平均每天上网时间都服从正态分布. 求这两个正态总体方差比的置信水平为 0.90 的置信区间.

解 已知 $1 - \alpha = 0.9$, $m = 21$, $n = 16$, 则 $\dfrac{\alpha}{2} = 0.05$, 查附表, 知

$$F_{\frac{\alpha}{2}}(m-1, n-1) = F_{0.05}(20, 15) = 2.20,$$

$$F_{1-\frac{\alpha}{2}}(m-1, n-1) = F_{0.95}(20, 15) = \frac{1}{F_{0.05}(15, 20)} = 2.33$$

于是

$$\frac{S_1^2}{S_2^2} \cdot \frac{1}{F_{\frac{\alpha}{2}}(m-1, n-1)} = \frac{3.7^2}{4.5^2} \cdot \frac{1}{2.20} = 0.307,$$

$$\frac{S_1^2}{S_2^2} \cdot \frac{1}{F_{1-\frac{\alpha}{2}}(m-1, n-1)} = \frac{3.7^2}{4.5^2} \cdot 2.33 = 1.575,$$

于是这两个正态总体方差比的置信水平为 0.90 的置信区间为 $[0.307, 1.575]$.

习题 6.2

1. 当样本容量 n 固定时, 置信系数 $1-\alpha$ 越大, 精确度(　　)；当置信系数 $1-\alpha$ 固定时, 样本容量 n 越大, 精确度(　　)；当精确度固定时, 样本容量 n 越大时, 置信系数(　　).

2. 已知电子管寿命服从正态分布, 即 $X \sim N(\mu, \sigma^2)$, 现从中随机抽取 16 只, 检测结果, 样本平均寿命为 1950h, 标准差为 300h, 试求这批电子管的平均寿命及其方差、标准差的置信区间($\alpha = 0.05$).

3. 由 36 名初中学生组成的随机样本, 要求他们记下每周观看电视的时间, 根据以往的调查, 它服从标准差为 6 的正态分布, 从记录结果算出样本平均数 99% 的置信区间.

4. 有两位化验员甲和乙, 独立地对矽用沙中的含泥量用相同的方法各做了 10 次测定, 测定值的样本方差分别是 0.542 和 0.606, 令 σ_1^2, σ_2^2 分别为甲和乙测量的数据总体(正态)的方差, 试求 σ_1^2 / σ_2^2 在 0.95 的置信区间.

总习题 6

1. 设总体 $Z \sim N(0, \sigma^2)$, Z_1, Z_2, $\cdots$, Z_n 为简单随机样本, 则 σ^2 的无偏估计为(　　).

(A) $\dfrac{1}{n-1}\sum_{i=1}^{n} Z_i^2$　　　(B) $\dfrac{1}{n}\sum_{i=1}^{n} Z_i^2$

(C) $\dfrac{1}{n+1}\sum_{i=1}^{n} Z_i^2$　　　(D) $\dfrac{n}{n+1}\sum_{i=1}^{n} Z_i^2$

2. (2009, 数一) 设 X_1, X_2, $\cdots$, X_m 为来自总体服从二项分布 $B(n, p)$ 的简单随机样本, $\overline{X}$ 和 S^2 分别为样本均值和样本方差. 若 $\overline{X} + kS^2$ 为 np^2 的无偏估计, 则 $k = ($　　$)$.

3. (2016 年, 数一) 设 X_1, X_2, $\cdots$, X_n 为来自

总体 $N(\mu,\sigma^2)$ 的简单随机样本，样本均值 $\overline{X}=9.5$，参数 μ 的置信度为 0.95 的双侧置信区间的置信上限为 10.8，则 μ 的置信度为 0.95 的双侧置信区间为（ ）.

4. （2002 年，数一）设总体 X 的概率分布为

X	0	1	2	3
P	θ^2	$2\theta(1-\theta)$	θ^2	$(1-2\theta)$

其中 $\theta(0<\theta<\dfrac{1}{2})$ 是未知参数，利用总体 X 的如下样本值

$$3,\ 1,\ 3,\ 0,\ 3,\ 1,\ 2,\ 3,$$

求 θ 的矩估计值和最大似然估计值.

5. （2010 年，数一）设总体 X 的概率分布为

X	1	2	3
P	$1-\theta$	$\theta-\theta^2$	θ^2

其中参数 $\theta\in(0,1)$ 未知，以 N_i 表示来自总体 X 的随机样本（样本容量为 n）中等于 i 的个数（$i=1,2,3$）. 试求常数 a_1，a_2，a_3，使得 $T=\sum\limits_{i=1}^{3}a_iN_i$ 为 θ 的无偏估计量.

6. 设某种元件的使用寿命 X 的概率密度为

$$f(x;\theta)=\begin{cases}2e^{-2(x-\theta)}, & x>\theta, \\ 0, & x\le\theta,\end{cases}$$

其中 $\theta>0$ 为参数，又设 x_1，x_2，$\cdots$，x_n 为样本 X_1，X_2，$\cdots$，X_n 的一组观测值，求参数 θ 的最大似然估计.

7. 已知幼儿的身高服从正态分布，现从 5~6 岁的幼儿中随机地抽查了 12 人，其身高（单位：cm）分别为 115，120，131，115，110，109，115，115，105，110，108，108；假设标准差 $\sigma_0=7$，试求置信度为 95% 的总体均值 μ 的置信区间.

8. 随机抽取某大学 16 名在校大学生，了解到他们每月的生活费平均为 800 元，标准差 S 为 300 元，假定该大学学生的每月平均生活费服从正态分布，试以 95% 的置信度估计该大学学生的月平均生活费及其标准差的置信区间.

9. 两台车床生产同一种滚珠，滚珠直径服从正态分布，现从中分别抽取 8 个和 9 个产品，测得其直径分别为

甲车床   15.0，14.5，15.2，15.5，14.8，15.1，15.2，14.8

乙车床   15.2，15.0，14.8，15.2，15.0，15.0，14.8，15.1，14.8.

问这两台车床生产的滚珠直径 $\mu_1-\mu_2$ 的置信水平为 95% 的置信区间.

10. 某车间生产滚珠，已知滚珠直径 $X\sim N(\mu,\sigma^2)$，其中 σ^2 未知. 从中随机取出 6 个，测得直径为（单位：mm）如下：

14.6，15.1，14.9，14.8，15.2，15.1，

求 μ 的置信水平为 0.95 的置信区间.

11. 两名化验员 A，B，他们独立地对某种聚合物的含氯量用相同的方法各做了 16 次测定，其测定值的样本方差依次为 $S_A^2=0.541$ 和 $S_B^2=0.605$. 设 σ_A^2 和 σ_B^2 分别为 A，B 所测定的测量值总体的方差. 设总体为正态分布，求方差比 $\dfrac{\sigma_A^2}{\sigma_B^2}$ 的置信水平为 0.95 的置信区间.

第 7 章
假 设 检 验

上一章我们讨论了参数估计问题，它是统计推断的第一类问题．本章将要讨论统计推断的另一类重要问题——假设检验问题，它在统计理论和实际应用中具有重要地位．假设检验与参数估计都属于统计推断的范畴，但他们的基本思想是不同的，解决问题的方法也各有特色．

7.1 假设检验的概念

假设可以看作为一种设想，或是一种假定成立的条件．一般地对总体所提出的假设分为两类，即参数假设和非参数假设．相应地检验也分为两类：当总体分布形式已知，需要对总体中的某个参数或某个数字特征提出假设，然后根据样本值来检验此假设是否成立，称此类检验为参数假设检验（简称参数检验）；当总体分布形式未知，需要对总体分布提出假设，然后根据样本值来检验此假设是否成立，称此类检验为非参数假设检验（或分布假设检验）．本章重点研究参数假设检验问题．

7.1.1 检验的基本原理

假设检验是根据样本信息来判定关于总体分布的某个假设是否成立，那如何判定这个假设是否成立呢？通常我们利用的是概率性质的反证法，即首先对总体提出某假设，然后根据从总体中随机抽样得到的样本观测值运用统计分析的方法来检验所提的假设是否成立．若由此推出来的结果导致了一个不合理现象出现，那么表明这个假设是不正确的，进而做出拒绝这个假设的结论；若结果认为该假设正确，没有导致不合理的现象出现，那么做出接受这个假设．这种假设检验法的依据就是小概率原理．所谓**小概率原理**，就是认为一个小概率事件在一次试验中是几乎不可能发生的．在检验假设时，若小概率事件在一次试验中发生了，就可以认为是不合理的，也就表明该假设不成立．

1. 检验问题的提出

我们以一个具体问题为例分析假设检验问题.

例 7.1.1   某厂生产的合金强度服从正态分布 $N(\theta, 18)$,其中 θ 的设计值不低于 115(Pa). 为保证质量,该厂每天都要对生产情况做例行检查,以判断生产是否正常进行,该合金的平均强度不低于 115(Pa). 某天从产品中随机抽取 20 块合金,测得强度值为 $x_1, \cdots, x_{20}$,其均值为 $\bar{x} = 110$(Pa),问当天生产是否正常?

这是在给定总体和样本下,要求对命题"合金的平均强度不低于 115(Pa)"作出回答:"是"还是"否". 这类问题称为统计假设检验问题,简称**假设检验问题**.

2. 原假设和备择假设

上述命题"合金的平均强度不低于 115(Pa)"正确与否仅涉及参数 θ,因此该命题是否正确将涉及如下两个参数集合:

$$\Theta_0 = \{\theta : \theta \geqslant 115\}, \quad \Theta_1 = \{\theta : \theta < 115\}.$$

命题成立对应于"$\theta \in \Theta_0$",命题不成立则对应"$\theta \in \Theta_1$". 在假设检验中,常把一个被检验的假设称为**原假设**(或**零假设**),用 H_0 表示,通常将不应轻易否定的假设作为原假设. 当 H_0 被拒绝时而接受的假设称为**备择假设**(**对立假设**),用 H_1 表示,他们是成对出现的.

上例中建立的两个假设可表示为:

$H_0 : \theta \in \Theta_0 = \{\theta : \theta \geqslant 115\}$; $H_1 : \theta \in \Theta_1 = \{\theta : \theta < 115\}$,或简写为 $H_0 : \theta \geqslant 115; H_1 : \theta < 115$.

常用的参数假设检验问题有如下三种,其中 θ_0 是已知常数

(1) $H_0 : \theta \leqslant \theta_0; H_1 : \theta > \theta_0$;

(2) $H_0 : \theta \geqslant \theta_0; H_1 : \theta < \theta_0$;

(3) $H_0 : \theta = \theta_0; H_1 : \theta \neq \theta_0$,

其中(1)与(2)又称**单侧检验**问题,因为一个假设位于另一个假设的一侧,(3)称为**双侧检验**问题,因为备择假设位于原假设的两侧.

3. 检验统计量

在假设检验中,样本对原假设是怎样进行判断的呢?如何完成?一般地,对原假设的判断都是通过一个统计量完成的,这样的统计量称为检验统计量. 在上例中,样本的平均值就是一个好的检验统计量,因为要检验的假设是正态总体的均值,在方差已知的情况下,样本均值是总体均值的充分统计量. 使原假设被拒绝的样本观测值落入的区域称为**拒绝域**,一般它是样本空间的一个子集,并用 W 表示,样本均值越大,总体均值也越大,样本均

值越小，总体均值也越小. 因此，在样本均值的取值中，有一个临界值 c，所以拒绝域也可表示为

$$W = \{(x_1, \cdots, x_n) : \bar{x} \leqslant c\} = \{\bar{x} \leqslant c\}.$$

当拒绝域确定了，检验的判断标准也就确定了：

如果 $(x_1, \cdots, x_n) \in W$，则认为 H_0 不成立；

如果 $(x_1, \cdots, x_n) \in \overline{W}$，则认为 H_0 成立.

一般将 $\overline{W}$ 称为**接受域**. W 和 $\overline{W}$ 是两个不相交的集合，它们的并集是检验统计量的所有可能取值的集合.

7.1.2 两类错误

1. 两类错误的定义

由于检验原假设 H_0 时，是根据一次抽样后得到的样本观测值或样本统计量观测值是否落在拒绝域中而做出拒绝或接受原假设 H_0 的决定，而抽取样本带有随机性，因此检验的结果与真实情况也可能不吻合，从而假设检验是可能犯错误的. 假设检验可能犯的错误有以下两类：

一类是 H_0 为真，但由于随机性使样本观测值落在拒绝域中，从而拒绝原假设 H_0，这种错误称为**第一类错误**，其发生的概率称为犯第一类错误的概率或拒真概率，通常记为 α，即

$$\alpha = P(拒绝\ H_0 \mid H_0\ 为真) = P_\theta(X \in W), \theta \in \Theta_0. \quad (7.1.1)$$

其中，$X = (x_1, \cdots, x_n)$ 表示样本，假设检验时可根据研究的目的来确定 α 的大小，一般取 0.05，也就是当拒绝 H_0 时，理论上 100 次检验中平均有 5 次发生这样的错误.

另一类是 H_0 不真，但由于随机性使样本观测值落在接受域中，从而接受原假设 H_0，这种错误称为**第二类错误**，其发生的概率称为犯第二类错误的概率或受伪概率，通常记为 β，即

$$\beta = P(接受\ H_0 \mid H_1\ 为不真) = P_\theta(X \in \overline{W}), \theta \in \Theta_0. \quad (7.1.2)$$

其中，β 的大小很难确切估计.

假设检验中的两类错误可用表 7.1.1 来总结.

表 7.1.1 假设检验中的两类错误

	H_0 为真	H_0 为假
拒绝 H_0	α（错误）	正确
接受 H_0	正确	β（错误）

针对不同的检验问题，这两类错误的选择有不同的考虑.

在样本容量不变的条件下，犯两类错误的概率往往呈现反向

的变化：α 愈小，β 愈大；反之，α 愈大，β 愈小. 因而可通过选定 α 控制 β 大小，要使 α 和 β 同时减小，必须增加样本的容量. 在实际问题中，往往把要否定的陈述作为**原假设**，而把拟采纳的陈述本身作为**备择假设**.

2. 显著水平检验法

假设检验是用于判断假设是否成立的方法，其中最简单的检验是显著性检验. 所谓显著性检验是检验问题 $H_0:\theta\in\Theta_0$ 及 $H_1:\theta\in\Theta_1$，如果一个检验满足对任意的 $\theta\in\Theta_0$ 都有 $g(\theta)\leqslant\alpha$，则称该检验是显著性水平为 α 的**显著性检验**，简称**水平为 α 的检验**. 这种检验方法也称为**显著水平检验法**.

"假设"可以较为复杂，但进行检验的基本思想却很简单，即小概率原理. 小概率原理是说小概率事件在一次试验中是不会发生的. 概率多小才算小呢？这是一个相对概念. 在统计学中，一般概率值低于 0.01 或 0.05 看作很小，把这些值统一记为 α，称为**显著性水平**.

3. 假设检验的基本步骤

（1）建立假设. 根据要求建立原假设 H_0 和备择假设 H_1.

（2）选择检验统计量，给出拒绝域 W 的形式.

用于对原假设 H_0 作出判断的统计量称为**检验统计量**；

使原假设被拒绝的样本观察值所在区域称为**拒绝域**，常用 W 表示；

一个拒绝域 W 唯一确定一个检验法则，反之，一个检验法则唯一确定一个拒绝域 W.

（3）选择显著性水平 $\alpha(0<\alpha<1)$. 只控制犯第一类错误的概率不超过 α 的检验称为水平为 α 的检验，或称为显著性检验，但也不能使 α 过小，在适当控制 α 中制约 β，最常用的 $\alpha=0.05$，有时也选择 $\alpha=0.10$，或者 $\alpha=0.01$.

（4）给出拒绝域. 由概率等式 $P(W\mid H_0)=\alpha$ 确定具体的拒绝域.

（5）作出判断.

当样本 $(x_1,\cdots,x_n)\in W$，则拒绝 H_0，即接受 H_1；

当样本 $(x_1,\cdots,x_n)\in\overline{W}$，则接受 H_0.

例7.1.2　设 $x_1,\cdots,x_n$ 是来自总体 $X\sim N(\mu,1)$ 的样本，考虑如下假设检验问题

$$H_0:\mu=2 \quad vs \quad H_1:\mu=3,$$

若检验由拒绝域 $W=\{\bar{x}\geqslant2.6\}$ 确定.

（1）当 $n=20$ 时，求检验犯两类错误的概率；

（2）如果要使得检验犯第二类错误的概率 $\beta\leqslant 0.01$，n 最小应取多少？

（3）证明：当 $n\to+\infty$ 时，$\alpha\to 0$，$\beta\to 0$.

解　（1）由定义知，犯第一类错误的概率为

$$\alpha=P(\bar{x}\geqslant 2.6\mid H_0)=P\left(\frac{\bar{x}-2}{\sqrt{1/20}}\geqslant\frac{2.6-2}{\sqrt{1/20}}\right)=1-\Phi(2.68)=0.0037,$$

这是因为在 H_0 成立时，$\alpha=0.05$. 而犯第二类错误的概率为

$$\beta=P(\bar{x}<2.6\mid H_1)=P\left(\frac{\bar{x}-3}{\sqrt{\dfrac{1}{20}}}<\frac{2.6-3}{\sqrt{\dfrac{1}{20}}}\right)=\Phi(-1.79)$$

$$=1-\Phi(1.79)=0.0367.$$

这是因为在 H_1 成立时，$\bar{x}\sim N(3,1/20)$.

（2）若使犯第二类错误的概率满足

$$\beta=P(\bar{x}<2.6\mid H_1)=P\left(\frac{\bar{x}-3}{\sqrt{\dfrac{1}{n}}}<\frac{2.6-3}{\sqrt{\dfrac{1}{n}}}\right)\leqslant 0.01,$$

即 $1-\Phi\left(\dfrac{0.4}{\sqrt{1/n}}\right)\leqslant 0.01$，或 $\Phi(0.4\sqrt{n})\geqslant 0.99$，查表得：$0.4\sqrt{n}\geqslant 2.33$，因此，$n\geqslant 33.93$，即 n 最小应取 34，才能使检验犯第二类错误的概率 $\beta\leqslant 0.01$.

（3）在样本量为 n 时，检验犯第一类错误的概率为 $\alpha=P(\bar{x}\geqslant 2.6\mid H_0)=P\left(\dfrac{\bar{x}-2}{\sqrt{\dfrac{1}{n}}}\geqslant\dfrac{2.6-2}{\sqrt{\dfrac{1}{n}}}\right)=1-\Phi(0.6\sqrt{n})\to 0$　$(n\to\infty)$.

检验犯第二类错误的概率

$$\beta=P(\bar{x}<2.6\mid H_1)=P\left(\frac{\bar{x}-3}{\sqrt{\dfrac{1}{n}}}<\frac{2.6-3}{\sqrt{\dfrac{1}{n}}}\right)=\Phi(-0.4\sqrt{n})\to 0\,(n\to\infty).$$

注：从这个例子可以看出，要使检验犯两类错误的概率都趋于零，必须使样本容量无限增大才行，这一结论在一般场合仍然成立. 但是在实际中，样本容量很大往往不可行，故在一般情况下不可能做到犯两类错误的概率都很小.

例 7.1.3　设 $x_1,\cdots,x_{10}$ 是来自总体 $X\sim B(1,p)$ 的样本，考虑如下检验问题：

$$H_0:p=0.2\quad \text{vs}\quad H_1:p=0.4.$$

取拒绝域 $W=\{\bar{x}\geqslant 0.5\}$，求该检验犯两类错误的概率.

解 $x_1, \cdots, x_{10} \sim B(1, p)$，则 $10\bar{x} \sim B(10, p)$，于是犯两类错误的概率分别为：

$$\alpha = P(\bar{x} \geqslant 0.5 \mid H_0) = P(10\bar{x} \geqslant 5 \mid H_0) = \sum_{k=5}^{10} \binom{10}{k} \left(\frac{1}{5}\right)^k \left(\frac{4}{5}\right)^{10-k}$$

$$= 0.0328,$$

检验犯第二类错误的概率

$$\beta = P(\bar{x} < 0.5 \mid H_1) = P(10\bar{x} < 5 \mid H_1) = \sum_{k=0}^{4} \binom{10}{k} \left(\frac{2}{5}\right)^k \left(\frac{3}{5}\right)^{10-k}$$

$$= 0.6331.$$

讨论：这里 $\alpha = 0.0328$ 已经很小了，但是 $\beta = 0.6331$ 却很大，使样本容量 $n = 10$ 固定，要使 α 变小，则 β 就会变大．为了进一步说明这一点，我们试着改变拒绝域为 $W = \{\bar{x} \geqslant 0.6\}$，则这时检验犯两类错误的概率分别为

$$\alpha = P(\bar{x} \geqslant 0.6 \mid H_0) = P(10\bar{x} \geqslant 6 \mid H_0) = \sum_{k=6}^{10} \binom{10}{k} \left(\frac{1}{5}\right)^k \left(\frac{4}{5}\right)^{10-k}$$

$$= 0.0328 - \binom{10}{5}\left(\frac{1}{5}\right)^5 \left(\frac{4}{5}\right)^5 = 0.0328 - 0.0264 = 0.0064,$$

$$\beta = P(\bar{x} < 0.6 \mid H_1) = P(10\bar{x} < 6 \mid H_1) = \sum_{k=0}^{5} \binom{10}{k} \left(\frac{2}{5}\right)^k \left(\frac{3}{5}\right)^{10-k}$$

$$= 0.6331 + \binom{10}{5}\left(\frac{2}{5}\right)^5 \left(\frac{3}{5}\right)^5 = 0.6331 + 0.2007 = 0.8338.$$

这一现象在一般场合也是对的，即在样本量 n 固定时，减小 α 必导致 β 增大，减小 β 也必导致 α 增大．

习题 7.1

1. 什么是假设检验的第一类错误和第二类错误？如何控制两类错误？

2. 参数的假设检验与区间估计有何联系与区别？

3. 某车间用一台包装机包装葡萄糖，包得的袋装糖重是一个随机变量，它服从正态分布．当机器正常时，其均值为 0.5kg，标准差为 0.015kg．某日开工后为检验包装机是否正常，随机地抽取它所包装的糖 9 袋，称得净重为（kg）0.497, 0.506, 0.518, 0.524, 0.498, 0.511, 0.520, 0.515, 0.512，问机器是否正常？

7.2 一个正态总体均值的检验

正态分布在实际问题中广泛存在，因此，我们主要来讨论正态总体的假设检验问题，下面先讨论一个正态总体均值的假设检验．

7.2.1　正态总体均值的显著性水平检验

当检验关于总体均值 μ（数学期望）的假设时，该总体中的另一个参数，即方差 σ^2 是否已知，会影响到对于检验统计量的选择，故下面分两种情形进行讨论.

1. 方差 σ^2 已知情形

设总体 $X \sim N(\mu, \sigma^2)$，其中总体方差 σ^2 已知，X_1，X_2，$\cdots$，X_n 是取自总体 X 的一个样本，$\overline{X}$ 为样本均值.

检验假设 $H_0: \mu = \mu_0$，$H_1: \mu \neq \mu_0$. 其中 μ_0 为已知常数.

当 H_0 为真时，

$$U = \frac{\overline{X} - \mu_0}{\sigma / \sqrt{n}} \sim N(0, 1)，\tag{7.2.1}$$

故选取 U 作为检验统计量，记其观察值为 u. 相应的检验法称为 **U 检验法**（或 **Z 检验法**）.

注：对于大样本下的非正态总体的检验问题也可以用 U 检验法.

因为 $\overline{X}$ 是 μ 的无偏估计量，当 H_0 成立时，$|u|$ 不应太大，当 H_1 成立时，$|u|$ 有偏大的趋势，故拒绝域形式为

$$W = \left\{ x \ \middle| \ |u| = \left| \frac{\overline{x} - \mu_0}{\sigma / \sqrt{n}} \right| \geq k \right\}.\tag{7.2.2}$$

对于给定的显著性水平 α，查标准正态分布表得 $k = u_{\alpha/2}$，使

$$P\{ |U| \geq u_{\alpha/2} \} = \alpha，\tag{7.2.3}$$

由此即得拒绝域为

$$W = \{ |U| \geq u_{\alpha/2} \},$$

$$|u| = \left| \frac{\overline{x} - \mu_0}{\sigma / \sqrt{n}} \right| \geq u_{\alpha/2}.\tag{7.2.4}$$

即

$$W = (-\infty, -u_{\alpha/2}) \cup (u_{\alpha/2}, +\infty).\tag{7.2.5}$$

根据一次抽样后得到的样本观察值 x_1，x_2，$\cdots$，x_n 计算出 U 的观察值 u，若 $|u| \geq u_{\alpha/2}$，则拒绝原假设 H_0，即认为总体均值与 μ_0 有显著差异；若 $|u| < u_{\alpha/2}$，则接受原假设 H_0，即认为总体均值与 μ_0 无显著差异.

类似地，对单侧检验有：

（ⅰ）右侧检验：检验假设 $H_0: \mu \leq \mu_0$，$H_1: \mu > \mu_0$，其中 μ_0 为已知常数. 可得拒绝域为

$$u = \frac{\overline{x} - \mu_0}{\sigma / \sqrt{n}} > u_\alpha，\tag{7.2.6}$$

（ii）左侧检验：检验假设 $H_0: \mu \geq \mu_0$，$H_1: \mu < \mu_0$，其中 μ_0 为已知常数. 可得拒绝域为

$$u = \frac{\bar{x} - \mu_0}{\sigma / \sqrt{n}} < -u_\alpha. \tag{7.2.7}$$

2. 方差 σ^2 未知情形

设总体 $X \sim N(\mu, \sigma^2)$，其中总体方差 σ^2 未知，X_1，X_2，$\cdots$，X_n 是取自总体 X 的一个样本，$\bar{X}$ 与 S^2 分别为样本均值与样本方差.

检验假设 $H_0: \mu = \mu_0$，$H_1: \mu \neq \mu_0$. 其中 μ_0 为已知常数.

当 H_0 为真时，

$$T = \frac{\bar{X} - \mu_0}{S / \sqrt{n}} \sim t(n-1), \tag{7.2.8}$$

故选取 T 作为检验统计量，记其观察值为 t，相应的检验法称为 **t 检验法**.

由于 $\bar{X}$ 是 μ 的无偏估计量，S^2 是 σ^2 的无偏估计量，当 H_0 成立时，$|t|$ 不应太大，当 H_1 成立时，$|t|$ 有偏大的趋势，故拒绝域形式为

$$|t| = \left| \frac{\bar{x} - \mu_0}{s / \sqrt{n}} \right| \geq k \qquad (k \text{ 待定}). \tag{7.2.9}$$

对于给定的显著性水平 α，查分布表得 $k = t_{\alpha/2}(n-1)$，使

$$P\{|T| \geq t_{\alpha/2}(n-1)\} = \alpha. \tag{7.2.10}$$

由此即得拒绝域为

$$|t| = \left| \frac{\bar{x} - \mu_0}{s / \sqrt{n}} \right| \geq t_{\alpha/2}(n-1). \tag{7.2.11}$$

即 $W = (-\infty, -t_{\alpha/2}(n-1)) \cup (t_{\alpha/2}(n-1), +\infty)$.

根据一次抽样后得到的样本观察值 x_1，x_2，$\cdots$，x_n 计算出 T 的观察值 t，若 $|t| \geq t_{\alpha/2}(n-1)$，则拒绝原假设 H_0，即认为总体均值与 μ_0 有显著差异；若 $|t| < t_{\alpha/2}(n-1)$，则接受原假设 H_0，即认为总体均值与 μ_0 无显著差异.

类似地，对单侧检验有：

（i）右侧检验：检验假设 $H_0: \mu \leq \mu_0$，$H_1: \mu > \mu_0$，其中 μ_0 为已知常数. 可得拒绝域为

$$t = \frac{\bar{x} - \mu_0}{s / \sqrt{n}} \geq t_\alpha(n-1). \tag{7.2.12}$$

（ii）左侧检验：检验假设 $H_0: \mu \geq \mu_0$，$H_1: \mu < \mu_0$，其中 μ_0 为已知常数. 可得拒绝域为

$$t = \frac{\bar{x} - \mu_0}{s/\sqrt{n}} \leqslant -t_\alpha(n-1). \tag{7.2.13}$$

在实际问题中，正态总体的方差 σ^2 常常是未知的，所以我们常用 t 检验法来检验关于正态总体均值的检验问题.

7.2.2 **正态总体均值假设检验表**

例 7.2.1 某厂生产的铜丝的折断力（单位：N）服从正态分布 $N(\mu, 64)$，某天抽取 9 根铜丝进行折断力试验，测得数据如下：

578，572，568，572，570，573，596，584，570.

若要求 $\mu = 576$，试确定该天生产的铜丝是否合格（$\alpha = 0.1$）?

解 这是一个关于正态均值的双侧假设检验问题.

原假设 $H_0: \mu = 576$，备择假设 $H_1: \mu \neq 576$.

由于 σ 已知，故采用 U 检验，取检验统计量 $U = \dfrac{\bar{X} - \mu_0}{\sigma/\sqrt{n}}$，由 $n = 9$，$\bar{x} = 575.889$，$\sigma = 8$，$\alpha = 0.1$，$u_{\alpha/2} = u_{0.05} = 0.5199$，故此检验的拒绝域为 $\{|U| \geqslant u_{\frac{\alpha}{2}}\} = \{|U| \geqslant u_{0.005}\} = \{|U| \geqslant 0.5199\}$.

因 U 的观测值为 $u = \dfrac{|575.889 - 576|}{8/\sqrt{9}} = 0.0417$，由于 $0.0417 < 0.5199$，故落在接受域内，接受 H_0，认为该天生产的铜丝是合格的.

例 7.2.2 某工厂生产的某种铝材的长度服从正态分布，其均值设定为 240cm. 现从该厂抽取 5 件产品，测得其长度为（单位：cm）

239.7　239.6　239　240　239.2

试判断该厂此类铝材的长度是否满足设定要求?

解 这是一个关于正态均值的双侧假设检验问题.

原假设 $H_0: \mu = 240$，备择假设 $H_1: \mu \neq 240$.

由于 σ 未知，故采用 t 检验，其拒绝域为 $\{|t| \geqslant t_{\frac{\alpha}{2}}(n-1)\}$，若取 $\alpha = 0.05$，则查表得 $t_{0.025}(4) = 2.78$. 现由样本计算得到 $\bar{x} = 239.5$，$s = 0.4$，故

$$t = \frac{|239.5 - 240|}{\dfrac{0.4}{\sqrt{5}}} = 2.795.$$

由于 $2.795 > 2.78$，故拒绝原假设，认为该厂生产的铝材的长度不满足设定要求.

综上，关于一个正态总体的均值假设检验问题可总结成表 7.2.1.

表 7.2.1　一个正态总体均值的假设检验(显著性水平 α)

条件	原假设 H_0	备择假设 H_1	检验统计量	拒绝域
$\sigma^2 = \sigma_0^2$ 已知	$\mu = \mu_0$	$\mu \neq \mu_0$	$U = \dfrac{\bar{\xi} - \mu_0}{\dfrac{\sigma_0}{\sqrt{n}}} \sim N(0,1)$	$\lvert U \rvert \geq u_{\frac{\alpha}{2}}$
	$\mu \leq \mu_0$	$\mu > \mu_0$		$U \geq u_\alpha$
	$\mu \geq \mu_0$	$\mu < \mu_0$		$U \leq -u_\alpha$
σ^2 未知	$\mu = \mu_0$	$\mu \neq \mu_0$	$T = \dfrac{\bar{\xi} - \mu_0}{\dfrac{S}{\sqrt{n}}} \sim t_{(n-1)}$	$\lvert T \rvert \geq t_{\frac{\alpha}{2}}(n-1)$
	$\mu \leq \mu_0$	$\mu > \mu_0$		$T \geq t_\alpha(n-1)$
	$\mu \geq \mu_0$	$\mu < \mu_0$		$T \leq -t_\alpha(n-1)$

习题 7.2

1. 在某粮店进的一批大米中,随机抽测 6 袋大米,其重量(单位: kg)分别为

　　26.1, 23.6, 25.1, 25.4, 23.7, 24.5

设每袋大米的重量 $X \sim N(\mu, 0.1)$, 试问能否认为这批大米的袋重是 25kg, ($\alpha = 0.01$)?

2. 正常人的脉搏平均为 72(次/min), 现测得 20 例慢性四乙基铅中毒患者的脉搏(次/min)的均值是 63.50, 标准差是 5.60, 若四乙基铅中毒患者的脉搏服从正态分布, 问四乙基铅中毒患者的脉搏是否与正常人不同? ($\alpha = 0.05$)

3. 从甲地发送一个信号到乙地, 设发送的信号值为 μ, 由于信号传送时有噪声迭加到信号上, 这个噪声是随机的, 它服从正态分布 $N(0, 22)$, 从而乙地接到的信号值是一个服从正态分布 $N(\mu, 2)$ 的随机变量. 设甲地发送某信号 5 次, 乙地收到的信号值为: 8.4, 10.5, 9.1, 9.6, 9.9, 由以往经验, 信号值为 8, 于是乙方猜测甲地发送的信号值为 8, 能否接受这种猜测? 取 $\alpha = 0.05$.

总习题 7

1. 设样本 $X_1, X_2, \cdots, X_9$ 来自正态总体 $N(\mu, 16)$, 样本均值为 $\bar{X}$, 则在显著性水平为 $\alpha = 0.05$ 下检验假设: "$H_0: \mu = 5, H_1: \mu \neq 5$"的拒绝域为 _____.

2. (2018 年, 数一)设总体 $X \sim N(\mu, \sigma^2)$, $X_1, X_2, \cdots, X_n$ 是取自总体 X 的简单随机样本, 据此样本检验假设: $H_0: \mu = \mu_0, H_1: \mu \neq \mu_0$, 则(　　).

(A) 如果在检验水平 $\alpha = 0.05$ 下拒绝 H_0, 那么在检验水平 $\alpha = 0.01$ 下必拒绝 H_0

(B) 如果在检验水平 $\alpha = 0.05$ 下拒绝 H_0, 那么在检验水平 $\alpha = 0.01$ 下必接受 H_0

(C) 如果在检验水平 $\alpha = 0.05$ 下接受 H_0, 那么在检验水平 $\alpha = 0.01$ 下必拒绝 H_0

(D) 如果在检验水平 $\alpha = 0.05$ 下接受 H_0, 那么在检验水平 $\alpha = 0.01$ 下必接受 H_0

3. 假设显著性水平为 α, 则下列关于两类错误的说法中正确的是(　　).

(A) 如果原假设为真, 可能犯第一类错误, 且犯错误的概率是 α

(B) 如果原假设为真, 可能犯第二类错误, 且犯错误的概率是 α

(C) 如果原假设为假, 可能犯第一类错误, 且犯错误的概率是 α

(D) 如果原假设为假, 可能犯第二类错误, 且犯错误的概率是 α

4. 简述假设检验的基本原理, 试举例说明.

5. 一个盒子里装有一个白球和一个红球, 为了检验抽取的红球出现的概率 p 是否为 0.5, 独立进行抽取 9 次, 检验如下的假设:

　　　　$H_0: p = 0.5, H_1: p \neq 0.5.$

当 9 次抽取的全为红球或全为白球时, 拒绝原

假设，试求这一检验法则的实际检验水平是多少？

6. 某厂现有一批产品，共 8000 件，规定次品率不超过 5% 才允许出厂. 现从中抽取 50 件，发现有次品 4 件，试问这批产品是否可以出厂？

7. 某所大学对在校生进行一次标准化考试，成绩的标准差为 30. 老师认为平均分数大于 120 分，她随机抽取 50 名学生，发现她们的平均成绩是 128 分. 在给定显著性水平为 $\alpha = 0.05$ 下，选取一个适当的假设检验，检验该次测试的平均成绩是否是大于 120 分.

8. 检验学生的平均体重是否和 140（单位：lb）不同. 现从中随机抽取 22 名学生，观测数据如下：

135，119，106，135，180，108，128，160，143，175，170，205，195，185，182，150，175，190，180，195，220，235.

假设学生体重服从正态分布，进行适当的假设检验，检验学生体重是否与 140 不同（$\alpha = 0.05$）.

9. 当切割机正常工作时，切割后的每根金属棒的长度服从 $X \sim N(\mu, \sigma^2)$，$\mu = 10.5$，$\sigma^2 = 0.15$. 现从中随机抽取 15 根金属棒进行测量，得到如下长度的观测数据值（单位：m）：

10.4，10.6，10.1，10.4，10.5，10.3，10.3，10.2，10.9，10.6，10.8，10.5，10.7，10.2，10.7.

试问切割机是否正常工作（显著性水平 $\alpha = 0.05$）？

10. 规定某种食物每 100g 中含有维生素 C 的含量不少于 21mg，设维生素 C 含量的测定值总体服从正态分布 $N(\mu, \sigma^2)$. 现从这种食品中随机抽取 20 个样品，测得它们中每 100g 维生素 C 的含量为 17，22，19，23，22，21，20，23，21，19，15，13，23，17，20，29，18，22，16，25，检验这批食品维生素 C 的含量是否合格.

附表 1　泊松分布数值表

$$P\{\xi=m\}=\frac{\lambda^{m}}{m!}e^{-\lambda}$$

m＼λ	0.1	0.2	0.3	0.4	0.5	0.6	0.7	0.8	0.9	1.0	1.5	2.0	2.5	3.0
0	0.9048	0.8187	0.7408	0.6703	0.6065	0.5488	0.4966	0.4493	0.4066	0.3679	0.2231	0.1353	0.0821	0.0498
1	0.0905	0.1637	0.2223	0.2681	0.3033	0.3293	0.3476	0.3595	0.3659	0.3679	0.3347	0.2707	0.2052	0.1494
2	0.0045	0.0164	0.0333	0.0536	0.0758	0.0988	0.1216	0.1438	0.1647	0.1839	0.2510	0.2707	0.2565	0.2240
3	0.0002	0.0011	0.0033	0.0072	0.0126	0.0198	0.0284	0.0383	0.0494	0.0613	0.1255	0.1805	0.2138	0.2240
4		0.0001	0.0003	0.0007	0.0016	0.0030	0.0050	0.0077	0.0111	0.0153	0.0471	0.0902	0.1336	0.1681
5				0.0001	0.0002	0.0003	0.0007	0.0012	0.0020	0.0031	0.0141	0.0361	0.0668	0.1008
6							0.0001	0.0002	0.0003	0.0005	0.0035	0.0120	0.0278	0.0504
7										0.0001	0.0008	0.0034	0.0099	0.0216
8											0.0002	0.0009	0.0031	0.0081
9												0.0002	0.0009	0.0027
10													0.0002	0.0008
11													0.0001	0.0002
12														0.0001

m＼λ	3.5	4.0	4.5	5	6	7	8	9	10	11	12	13	14	15
0	0.0302	0.0183	0.0111	0.0067	0.0025	0.0009	0.0003	0.0001						
1	0.1057	0.0733	0.0500	0.0337	0.0149	0.0064	0.0027	0.0011	0.0004	0.0002	0.0001			
2	0.1850	0.1465	0.1125	0.0842	0.0446	0.0223	0.0107	0.0050	0.0023	0.0010	0.0004	0.0002	0.0001	
3	0.2158	0.1954	0.1687	0.1404	0.0892	0.0521	0.0286	0.0150	0.0076	0.0037	0.0018	0.0008	0.0004	0.0002
4	0.1888	0.1954	0.1898	0.1755	0.1339	0.0912	0.0573	0.0337	0.0189	0.0102	0.0053	0.0027	0.0013	0.0006
5	0.1322	0.1563	0.1708	0.1755	0.1606	0.1277	0.0916	0.0607	0.0378	0.0224	0.0127	0.0071	0.0037	0.0019
6	0.0771	0.1042	0.1281	0.1462	0.1606	0.1490	0.1221	0.0911	0.0631	0.0411	0.0255	0.0151	0.0087	0.0048
7	0.0385	0.0595	0.0824	0.1044	0.1377	0.1490	0.1396	0.1171	0.0901	0.0646	0.0437	0.0281	0.0174	0.0104

（续）

λ / m	3.5	4.0	4.5	5	6	7	8	9	10	11	12	13	14	15
8	0.0169	0.0298	0.0463	0.0653	0.1033	0.1304	0.1396	0.1318	0.1126	0.0888	0.0655	0.0457	0.0304	0.0195
9	0.0065	0.0132	0.0232	0.0363	0.0688	0.1014	0.1241	0.1318	0.1251	0.1085	0.0874	0.0660	0.0473	0.0324
10	0.0023	0.0053	0.0104	0.0181	0.0413	0.0710	0.0993	0.1186	0.1251	0.1194	0.1048	0.0859	0.0663	0.0486
11	0.0007	0.0019	0.0043	0.0082	0.0225	0.0452	0.0722	0.0970	0.1137	0.1194	0.1144	0.1015	0.0843	0.0663
12	0.0002	0.0006	0.0015	0.0034	0.0113	0.0264	0.0481	0.0728	0.0948	0.1094	0.1144	0.1099	0.0984	0.0828
13	0.0001	0.0002	0.0006	0.0013	0.0052	0.0142	0.0296	0.0504	0.0729	0.0926	0.1056	0.1099	0.1061	0.0956
14		0.0001	0.0002	0.0005	0.0023	0.0071	0.0169	0.0324	0.0521	0.0728	0.0905	0.1021	0.1061	0.1025
15			0.0001	0.0002	0.0009	0.0033	0.0090	0.0194	0.0347	0.0533	0.0724	0.0885	0.0989	0.1025
16				0.0001	0.0003	0.0015	0.0045	0.0109	0.0217	0.0367	0.0543	0.0719	0.0865	0.0960
17					0.0001	0.0006	0.0021	0.0058	0.0128	0.0237	0.0383	0.0551	0.0713	0.0847
18						0.0002	0.0010	0.0029	0.0071	0.0145	0.0255	0.0397	0.0554	0.0706
19						0.0001	0.0004	0.0014	0.0037	0.0084	0.0161	0.0272	0.0408	0.0557
20							0.0002	0.0006	0.0019	0.0046	0.0097	0.0177	0.0286	0.0418
21							0.0001	0.0003	0.0009	0.0024	0.0055	0.0109	0.0191	0.0299
22								0.0001	0.0004	0.0013	0.0030	0.0065	0.0122	0.0204
23									0.0002	0.0006	0.0016	0.0036	0.0074	0.0133
24									0.0001	0.0003	0.0008	0.0020	0.0043	0.0083
25										0.0001	0.0004	0.0011	0.0024	0.0050
26											0.0002	0.0005	0.0013	0.0029
27											0.0001	0.0002	0.0007	0.0017
28												0.0001	0.0003	0.0009
29													0.0002	0.0004
30													0.0001	0.0002
31														0.0001

附表 2 　标准正态分布表

$$\Phi(x) = \int_{-\infty}^{x} \frac{1}{\sqrt{2\pi}} e^{-\frac{t^2}{2}} dt = P(X \leq x)$$

$$\phi(-x) = 1 - \phi(x)$$

X	0	0.01	0.02	0.03	0.04	0.05	0.06	0.07	0.08	0.09
0	0.500 0	0.504 0	0.508 0	0.512 0	0.516 0	0.519 9	0.523 9	0.527 9	0.531 9	0.535 9
0.1	0.539 8	0.543 8	0.547 8	0.551 7	0.555 7	0.559 6	0.563 6	0.567 5	0.571 4	0.575 3
0.2	0.579 3	0.583 2	0.587 1	0.591 0	0.594 8	0.598 7	0.602 6	0.606 4	0.610 3	0.614 1
0.3	0.617 9	0.621 7	0.625 5	0.629 3	0.633 1	0.636 8	0.640 4	0.644 3	0.648 0	0.651 7
0.4	0.655 4	0.659 1	0.662 8	0.666 4	0.670 0	0.673 6	0.677 2	0.680 8	0.684 4	0.687 9
0.5	0.691 5	0.695 0	0.698 5	0.701 9	0.705 4	0.708 8	0.712 3	0.715 7	0.719 0	0.722 4
0.6	0.725 7	0.729 1	0.732 4	0.735 7	0.738 9	0.742 2	0.745 4	0.748 6	0.751 7	0.754 9
0.7	0.758 0	0.761 1	0.764 2	0.767 3	0.770 3	0.773 4	0.776 4	0.779 4	0.782 3	0.785 2
0.8	0.788 1	0.791 0	0.793 9	0.796 7	0.799 5	0.802 3	0.805 1	0.807 8	0.810 6	0.813 3
0.9	0.815 9	0.818 6	0.821 2	0.823 8	0.826 4	0.828 9	0.835 5	0.834 0	0.836 5	0.838 9
1	0.841 3	0.843 8	0.846 1	0.848 5	0.850 8	0.853 1	0.855 4	0.857 7	0.859 9	0.862 1
1.1	0.864 3	0.866 5	0.868 6	0.870 8	0.872 9	0.874 9	0.877 0	0.879 0	0.881 0	0.883 0
1.2	0.884 9	0.886 9	0.888 8	0.890 7	0.892 5	0.894 4	0.896 2	0.898 0	0.899 7	0.901 5
1.3	0.903 2	0.904 9	0.906 6	0.908 2	0.909 9	0.911 5	0.913 1	0.914 7	0.916 2	0.917 7
1.4	0.919 2	0.920 7	0.922 2	0.923 6	0.925 1	0.926 5	0.927 9	0.929 2	0.930 6	0.931 9
1.5	0.933 2	0.934 5	0.935 7	0.937 0	0.938 2	0.939 4	0.940 6	0.941 8	0.943 0	0.944 1
1.6	0.945 2	0.946 3	0.947 4	0.948 4	0.949 5	0.950 5	0.951 5	0.952 5	0.953 5	0.953 5
1.7	0.955 4	0.956 4	0.957 3	0.958 2	0.959 1	0.959 9	0.960 8	0.961 6	0.962 5	0.963 3
1.8	0.964 1	0.964 8	0.965 6	0.966 4	0.967 2	0.967 8	0.968 6	0.969 3	0.970 0	0.970 6
1.9	0.971 3	0.971 9	0.972 6	0.973 2	0.973 8	0.974 4	0.975 0	0.975 6	0.976 2	0.976 7
2	0.977 2	0.977 8	0.978 3	0.978 8	0.979 3	0.979 8	0.980 3	0.980 8	0.981 2	0.981 7
2.1	0.982 1	0.982 6	0.983 0	0.983 4	0.983 8	0.984 2	0.984 6	0.985 0	0.985 4	0.985 7
2.2	0.986 1	0.986 4	0.986 8	0.987 1	0.987 4	0.987 8	0.988 1	0.988 4	0.988 7	0.989 0
2.3	0.989 3	0.989 6	0.989 8	0.990 1	0.990 4	0.990 6	0.990 9	0.991 1	0.991 3	0.991 6
2.4	0.991 8	0.992 0	0.992 2	0.992 5	0.992 7	0.992 9	0.993 1	0.993 2	0.993 4	0.993 6
2.5	0.993 8	0.994 0	0.994 1	0.994 3	0.994 5	0.994 6	0.994 8	0.994 9	0.995 1	0.995 2
2.6	0.995 3	0.995 5	0.995 6	0.995 7	0.995 9	0.996 0	0.996 1	0.996 2	0.996 3	0.996 4
2.7	0.996 5	0.996 6	0.996 7	0.996 8	0.996 9	0.997 0	0.997 1	0.997 2	0.997 3	0.997 4
2.8	0.997 4	0.997 5	0.997 6	0.997 7	0.997 7	0.997 8	0.997 9	0.997 9	0.998 0	0.998 1
2.9	0.998 1	0.998 2	0.998 2	0.998 3	0.998 4	0.998 4	0.998 5	0.998 5	0.998 6	0.998 6
X	0	0.1	0.2	0.3	0.4	0.5	0.6	0.7	0.8	0.9
3	0.998 7	0.999 0	0.999 3	0.999 5	0.999 7	0.999 8	0.999 8	0.999 9	0.999 9	1.000 0

附表3　χ^2 分布分位数表

α / n	0.995	0.99	0.975	0.95	0.9	0.75	0.5	0.25	0.1	0.05	0.025	0.01	0.005
1	0.00	0.00	0.00	0.00	0.02	0.10	0.46	1.32	2.71	3.84	5.02	6.64	7.88
2	0.01	0.02	0.05	0.10	0.21	0.58	1.39	2.77	4.61	5.99	7.38	9.21	10.60
3	0.07	0.12	0.22	0.35	0.58	1.21	2.37	4.11	6.25	7.82	9.35	11.35	12.84
4	0.21	0.30	0.48	0.71	1.06	1.92	3.36	5.39	7.78	9.49	11.14	13.28	14.86
5	0.41	0.55	0.83	1.15	1.61	2.68	4.35	6.63	9.24	11.07	12.83	15.09	16.75
6	0.68	0.87	1.24	1.64	2.20	3.46	5.35	7.84	10.65	12.59	14.45	16.81	18.55
7	0.99	1.24	1.69	2.17	2.83	4.26	6.35	9.04	12.02	14.07	16.01	18.48	20.28
8	1.34	1.65	2.18	2.73	3.49	5.07	7.34	10.22	13.36	15.51	17.54	20.09	21.96
9	1.74	2.09	2.70	3.33	4.17	5.90	8.34	11.39	14.68	16.92	19.02	21.67	23.59
10	2.16	2.56	3.25	3.94	4.87	6.74	9.34	12.55	15.99	18.31	20.48	23.21	25.19
11	2.60	3.05	3.82	4.58	5.58	7.58	10.34	13.70	17.28	19.68	21.92	24.73	26.76
12	3.07	3.57	4.40	5.23	6.30	8.44	11.34	14.85	18.55	21.03	23.34	26.22	28.30
13	3.57	4.11	5.01	5.89	7.04	9.30	12.34	15.98	19.81	22.36	24.74	27.69	29.82
14	4.08	4.66	5.63	6.57	7.79	10.17	13.34	17.12	21.06	23.69	26.12	29.14	31.32
15	4.60	5.23	6.26	7.26	8.55	11.04	14.34	18.25	22.31	25.00	27.49	30.58	32.80
16	5.14	5.81	6.91	7.96	9.31	11.91	15.34	19.37	23.54	26.30	28.85	32.00	34.27
17	5.70	6.41	7.56	8.67	10.09	12.79	16.34	20.49	24.77	27.59	30.19	33.41	35.72
18	6.27	7.02	8.23	9.39	10.87	13.68	17.34	21.61	25.99	28.87	31.53	34.81	37.16
19	6.84	7.63	8.91	10.12	11.65	14.56	18.34	22.72	27.20	30.14	32.85	36.19	38.58
20	7.43	8.26	9.59	10.85	12.44	15.45	19.34	23.83	28.41	31.41	34.17	37.57	40.00
21	8.03	8.90	10.28	11.59	13.24	16.34	20.34	24.94	29.62	32.67	35.48	38.93	41.40
22	8.64	9.54	10.98	12.34	14.04	17.24	21.34	26.04	30.81	33.92	36.78	40.29	42.80
23	9.26	10.20	11.69	13.09	14.85	18.14	22.34	27.14	32.01	35.17	38.08	41.64	44.18
24	9.89	10.86	12.40	13.85	15.66	19.04	23.34	28.24	33.20	36.42	39.36	42.98	45.56
25	10.52	11.52	13.12	14.61	16.47	19.94	24.34	29.34	34.38	37.65	40.65	44.31	46.93
26	11.16	12.20	13.84	15.38	17.29	20.84	25.34	30.44	35.56	38.89	41.92	45.64	48.29
27	11.81	12.88	14.57	16.15	18.11	21.75	26.34	31.53	36.74	40.11	43.20	46.96	49.65
28	12.46	13.57	15.31	16.93	18.94	22.66	27.34	32.62	37.92	41.34	44.46	48.28	50.99
29	13.12	14.26	16.05	17.71	19.77	23.57	28.34	33.71	39.09	42.56	45.72	49.59	52.34
30	13.79	14.95	16.79	18.49	20.60	24.48	29.34	34.80	40.26	43.77	46.98	50.89	53.67
31	14.46	15.66	17.54	19.28	21.43	25.39	30.34	35.89	41.42	44.99	48.23	52.19	55.00
32	15.13	16.36	18.29	20.07	22.27	26.30	31.34	36.97	42.59	46.19	49.48	53.49	56.33
33	15.82	17.07	19.05	20.87	23.11	27.22	32.34	38.06	43.75	47.40	50.73	54.78	57.65
34	16.50	17.79	19.81	21.66	23.95	28.14	33.34	39.14	44.90	48.60	51.97	56.06	58.96
35	17.19	18.51	20.57	22.47	24.80	29.05	34.34	40.22	46.06	49.80	53.20	57.34	60.28

（续）

n＼α	0.995	0.99	0.975	0.95	0.9	0.75	0.5	0.25	0.1	0.05	0.025	0.01	0.005
36	17.89	19.23	21.34	23.27	25.64	29.97	35.34	41.30	47.21	51.00	54.44	58.62	61.58
37	18.59	19.96	22.11	24.08	26.49	30.89	36.34	42.38	48.36	52.19	55.67	59.89	62.88
38	19.29	20.69	22.88	24.88	27.34	31.82	37.34	43.46	49.51	53.38	56.90	61.16	64.18
39	20.00	21.43	23.65	25.70	28.20	32.74	38.34	44.54	50.66	54.57	58.12	62.43	65.48
40	20.71	22.16	24.43	26.51	29.05	33.66	39.34	45.62	51.81	55.76	59.34	63.69	66.77
41	21.42	22.91	25.22	27.33	29.91	34.59	40.34	46.69	52.95	56.94	60.56	64.95	68.05
42	22.14	23.65	26.00	28.14	30.77	35.51	41.34	47.77	54.09	58.12	61.78	66.21	69.34
43	22.86	24.40	26.79	28.97	31.63	36.44	42.34	48.84	55.23	59.30	62.99	67.46	70.62
44	23.58	25.15	27.58	29.79	32.49	37.36	43.34	49.91	56.37	60.48	64.20	68.71	71.89
45	24.31	25.90	28.37	30.61	33.35	38.29	44.34	50.99	57.51	61.66	65.41	69.96	73.17
46	25.04	26.66	29.16	31.44	34.22	39.22	45.34	52.06	58.64	62.83	66.62	71.20	74.44
47	25.78	27.42	29.96	32.27	35.08	40.15	46.34	53.13	59.77	64.00	67.82	72.44	75.70
48	26.51	28.18	30.76	33.10	35.95	41.08	47.34	54.20	60.91	65.17	69.02	73.68	76.97
49	27.25	28.94	31.56	33.93	36.82	42.01	48.34	55.27	62.04	66.34	70.22	74.92	78.23
50	27.99	29.71	32.36	34.76	37.69	42.94	49.34	56.33	63.17	67.51	71.42	76.15	79.49
60	35.53	37.48	40.48	43.19	46.46	52.29	59.33	66.98	74.40	79.08	83.30	88.38	91.95
70	43.28	45.44	48.76	51.74	55.33	61.70	69.33	77.58	85.53	90.53	95.02	100.42	104.22
80	51.17	53.54	57.15	60.39	64.28	71.14	79.33	88.13	96.58	101.88	106.63	112.33	116.32
90	59.20	61.75	65.65	69.13	73.29	80.62	89.33	98.64	107.56	113.14	118.14	124.12	128.30
100	67.33	70.06	74.22	77.93	82.36	90.13	99.33	109.14	118.50	124.34	129.56	135.81	140.17

附表 4 t 分布分位数表

n \\ α	0.25	0.1	0.05	0.025	0.01	0.005	0.0025	0.001	0.0005
1	1.00	3.08	6.31	12.71	31.82	63.66	127.32	318.31	636.62
2	0.82	1.89	2.92	4.30	6.97	9.93	14.09	22.33	31.60
3	0.77	1.64	2.35	3.18	4.54	5.84	7.45	10.22	12.92
4	0.74	1.53	2.13	2.78	3.75	4.60	5.60	7.17	8.61
5	0.73	1.48	2.02	2.57	3.37	4.03	4.77	5.89	6.87
6	0.72	1.44	1.94	2.45	3.14	3.71	4.32	5.21	5.96
7	0.71	1.42	1.90	2.37	3.00	3.50	4.03	4.79	5.41
8	0.71	1.40	1.86	2.31	2.90	3.36	3.83	4.50	5.04
9	0.70	1.38	1.83	2.26	2.82	3.25	3.69	4.30	4.78
10	0.70	1.37	1.81	2.23	2.76	3.17	3.58	4.14	4.59
11	0.70	1.36	1.80	2.20	2.72	3.11	3.50	4.03	4.44
12	0.70	1.36	1.78	2.18	2.68	3.06	3.43	3.93	4.32
13	0.69	1.35	1.77	2.16	2.65	3.01	3.37	3.85	4.22
14	0.69	1.35	1.76	2.15	2.62	2.98	3.33	3.79	4.14
15	0.69	1.34	1.75	2.13	2.60	2.95	3.29	3.73	4.07
16	0.69	1.34	1.75	2.12	2.58	2.92	3.25	3.69	4.02
17	0.69	1.33	1.74	2.11	2.57	2.90	3.22	3.65	3.97
18	0.69	1.33	1.73	2.10	2.55	2.88	3.20	3.61	3.92
19	0.69	1.33	1.73	2.09	2.54	2.86	3.17	3.58	3.88
20	0.69	1.33	1.73	2.09	2.53	2.85	3.15	3.55	3.85
21	0.69	1.32	1.72	2.08	2.52	2.83	3.14	3.53	3.82
22	0.69	1.32	1.72	2.07	2.51	2.82	3.12	3.51	3.79
23	0.69	1.32	1.71	2.07	2.50	2.81	3.10	3.49	3.77
24	0.69	1.32	1.71	2.06	2.49	2.80	3.09	3.47	3.75
25	0.68	1.32	1.71	2.06	2.49	2.79	3.08	3.45	3.73
26	0.68	1.32	1.71	2.06	2.48	2.78	3.07	3.44	3.71
27	0.68	1.31	1.70	2.05	2.47	2.77	3.06	3.42	3.69
28	0.68	1.31	1.70	2.05	2.47	2.76	3.05	3.41	3.67
29	0.68	1.31	1.70	2.05	2.46	2.76	3.04	3.40	3.66
30	0.68	1.31	1.70	2.04	2.46	2.75	3.03	3.39	3.65
31	0.68	1.31	1.70	2.04	2.45	2.74	3.02	3.38	3.63
32	0.68	1.31	1.69	2.04	2.45	2.74	3.02	3.37	3.62
33	0.68	1.31	1.69	2.04	2.45	2.73	3.01	3.36	3.61
34	0.68	1.31	1.69	2.03	2.44	2.73	3.00	3.35	3.60
35	0.68	1.31	1.69	2.03	2.44	2.72	3.00	3.34	3.59

（续）

n \ α	0.25	0.1	0.05	0.025	0.01	0.005	0.0025	0.001	0.0005
36	0.68	1.31	1.69	2.03	2.43	2.72	2.99	3.33	3.58
37	0.68	1.31	1.69	2.03	2.43	2.72	2.99	3.33	3.57
38	0.68	1.30	1.69	2.02	2.43	2.71	2.98	3.32	3.57
39	0.68	1.30	1.69	2.02	2.43	2.71	2.98	3.31	3.56
40	0.68	1.30	1.68	2.02	2.42	2.70	2.97	3.31	3.55
50	0.68	1.30	1.68	2.01	2.40	2.68	2.94	3.26	3.50
60	0.68	1.30	1.67	2.00	2.39	2.66	2.92	3.23	3.46
70	0.68	1.29	1.67	1.99	2.38	2.65	2.90	3.21	3.44
80	0.68	1.29	1.66	1.99	2.37	2.64	2.89	3.20	3.42
90	0.68	1.29	1.66	1.99	2.37	2.63	2.88	3.18	3.40
100	0.68	1.29	1.66	1.98	2.36	2.63	2.87	3.17	3.39
200	0.68	1.29	1.65	1.97	2.35	2.60	2.84	3.13	3.34
500	0.68	1.28	1.65	1.97	2.33	2.59	2.82	3.11	3.31
1000	0.68	1.28	1.65	1.96	2.33	2.58	2.81	3.10	3.30
∞	0.67	1.28	1.64	1.96	2.33	2.58	2.81	3.09	3.29

参考文献

［1］同济大学应用数学系. 概率统计简明教程［M］. 北京：高等教育出版社，2003.

［2］门登霍尔，比弗 R，比弗 B. 概率论与数理统计［M］. 北京：中国人民大学出版社，2016.

［3］浙江大学数学系. 概率论与数理统计［M］. 北京：高等教育出版社，2008.

［4］郭文英，刘强，孙阳，等. 概率论与数理统计［M］. 北京：中国人民大学出版社，2018.

［5］茆诗松，程依明，濮晓龙. 概率论与数理统计教程［M］. 北京：高等教育出版社，2011.

［6］陈希孺. 概率论与数理统计［M］. 合肥：中国科学技术大学出版社，1992.

［7］项立群，汪晓云，张伟，等. 概率论与数理统计［M］. 北京：北京大学出版社，2011.

［8］李长青，柴英明. 概率论与数理统计［M］. 上海：同济大学出版社，2015.

［9］肖筱南，茹世才，欧阳克智，等. 新编概率论与数理统计［M］. 北京：北京大学出版社，2013.

［10］杨荣、郑文瑞、王本玉. 概率论与数理统计［M］. 北京：清华大学出版社，2005.